Pro/Engineer
工程应用丛书

设计手册

Pro/Engineer Wildfire 3.0
数控加工编程

江苏大学数字化制造技术研究所
Pro/Engineer 特约培训中心
王霄　任国栋　吕建军　编著
梁新合　主审

化学工业出版社
·北京·

本书共分 12 章，第 1、2 章讲解数控加工自动编程的基础知识和数控加工工艺设计，第 3 章介绍 Pro/Engineer Wildfire 3.0 数控加工的基本概念与操作流程，第 4～6 章分别介绍 Pro/Engineer 典型加工方法、刀位数据文件生成与加工模拟，以及加工后置处理与生成 NC 指令，第 7～12 章利用凸轮、锻模、手机型腔、曲轴锻模、汽车覆盖件凸模等零件的数控加工知识。

　　本书对 Pro/Engineer 数控加工自动编程的理论知识和具体操作步骤都作了详细的讲解，内容深入浅出，图文并茂，方便读者阅读；采用的实例也非常典型，使读者能快速掌握 Pro/Engineer 数控加工自动编程的相关知识。

　　本书可作为高等院校、高等职业技术学院的培训教程或参考书，同时可作为广大从事数控自动编程的技术人员的自学参考书。

图书在版编目（CIP）数据

Pro/Engineer Wildfire 3.0 数控加工编程/王霄，任国栋，吕建军编著．
—北京：化学工业出版社，2009.2
（Pro/Engineer 工程应用丛书）
ISBN 978-7-122-04017-6

Ⅰ．P…　Ⅱ．①王…②任…③吕…　Ⅲ．数控机床-加工-计算机辅助设计-应用软件，Pro/ENGINEER Wildfire 3.0　Ⅳ．TG659-39

中国版本图书馆 CIP 数据核字（2008）第 165727 号

责任编辑：郭燕春　　　　　　　　　　　装帧设计：郑小红
责任校对：王素芹

出版发行：化学工业出版社(北京市东城区青年湖南街 13 号　邮政编码 100011)
印　　刷：北京永鑫印刷有限责任公司
装　　订：三河市延风印装厂
880mm×1230mm　1/16　印张 16　字数 440 千字　2009 年 4 月北京第 1 版第 1 次印刷

购书咨询：010-64518888(传真：010-64519686)　　售后服务：010-64518899
网　　址：http://www.cip.com.cn
凡购买本书，如有缺损质量问题，本社销售中心负责调换。

定　　价：39.00 元　　　　　　　　　　　　　　　　　　版权所有　违者必究

Pro/Engineer 工程应用丛书出版说明

    Pro/Engineer 是美国 PTC 公司开发的一套机械 CAD/CAE/CAM 集成软件,其技术领先,在机械、电子、航空、航天、邮电、兵工、纺织等各行各业都有应用,是 CAD/CAE/CAM 领域中少有的顶尖"人物"。它集零件设计、大型组件设计、钣金设计、造型设计、模具开发、数控加工、运动分析、有限元分析、数据库管理等功能于一体,具有参数化设计,特征驱动,单一数据库等特点,大大加快了产品开发速度。

    Pro/Engineer Wildfire 3.0 是 Pro/Engineer 的最新版本,其功能较以前的版本有了很大的提高,而且操作界面也更为友好,大大提高了技术人员的工作效率。

    本套丛书是江苏大学机械工程学院数字化制造技术研究所精心组织而推出的,该研究所是清华大学艾克斯特自动化技术有限公司(PTC 公司中国区 Pro/Engineer、Windchill 等全线产品总代理)的 Pro/Engineer 特约培训中心。

    该中心长年从事高校学生、教师及企业技术人员的 Pro/Engineer 培训与证书认证。本套丛书是根据学员的认知规律与实际产品数字化开发与制造的需求而编写的,它们是 CAD/CAE/ CAM 专业人员、Pro/Engineer 培训专家以及从事这方面实际产品设计、分析与制造的专业人员倾全力打造的一套实用丛书。

    Pro/Engineer 工程应用丛书包括:

- 《Pro/Engineer Wildfire 3.0 入门到精通教程》
- 《Pro/Engineer Wildfire 3.0 典型机械零件设计手册》
- 《Pro/Engineer Wildfire 3.0 高级设计实例教程》
- 《Pro/Engineer Wildfire 3.0 工业设计高级实例教程》
- 《Pro/Engineer Wildfire 3.0 数控加工编程》
- 《Pro/Engineer Wildfire 3.0 冲压模具设计实例教程》

化学工业出版社

前　言

  Pro/Engineer 是美国 PTC 公司开发的一套机械 CAD/CAM 软件，它集零件设计、大型组件设计、钣金设计、造型设计、模具开发、数控加工、运动分析、有限元分析、数据库管理等功能于一体，具有参数化设计、特征驱动、单一数据库等特点。Pro/Engineer 广泛应用于机械、电子、汽车、航空等行业，是世界上应用最广泛的 CAD/CAM 软件之一。

  本书循序渐进地介绍 Pro/Engineer Wildfire 3.0 数控加工自动编程的基本知识和数控加工工艺设计、数控加工的基本概念与操作流程，以及典型加工方法、刀位数据文件生成与加工模拟，讲解了许多 Pro/Engineer 数控加工自动编程的综合应用实例。书中每个实例程序包含了工件分析、工艺分析、Pro/Engineer 自动编程、加工模拟，后置处理技术要点与技巧等，使读者能熟练掌握并运用 Pro/Engineer 进行数控加工自动编程工作。

  全书对 Pro/Engineer 数控加工自动编程的理论知识和具体操作步骤都作了详细的讲解，内容深入浅出，图文并茂，方便读者阅读；采用的实例也非常典型，使读者能快速掌握 Pro/Engineer 数控加工自动编程的相关知识。

  本书共分 12 章，第 1～2 章讲解数控加工自动编程的基础知识和数控加工工艺设计；第 3 章介绍 Pro/Engineer Wildfire 3.0 数控加工的基本概念与操作流程；第 4～6 章分别介绍 Pro/Engineer 典型加工方法、刀位数据文件生成与加工模拟以及加工后置处理与生成 NC 指令；第 7～12 章利用凸轮、锻模、手机型腔、曲轴锻模、汽车覆盖件凸模等零件的数控加工知识，讲解 Pro/Engineer 数控加工自动编程的典型综合应用实例。

  本书可作为高等院校、高等职业技术学院的培训教程或参考书，同时可作为广大从事数控自动编程的技术人员的自学参考书。

  附赠光盘中存有所有创建完成的实例，以及所有配套练习文件。

  本书由江苏大学王霄、任国栋、吕建军编著，其中，第 1～3 章由王霄编写，第 4～8 章由任国栋编写，第 9～12 章由吕建军编写。全书由王霄负责组织与统稿，由河南科技大学梁新合担任主审。

  本书虽经反复校对，但时间仓促，加之水平有限，不足之处在所难免，敬请广大读者和同仁批评、指正。

编　者

2008 年 12 月

目　　录

第1章　数控加工自动编程基础知识

1.1　数控机床的分类及应用范围

1.1.1　数控机床的分类

数控机床的种类很多，其分类方法尚无统一规定，一般可按以下几种不同的方法分类。

（1）按工艺用途划分

按照工艺的不同，数控机床可分为：数控车床、数控铣床、数控钻床、数控磨床、数控镗铣床、数控齿轮加工机床、数控电火花加工机床、数控线切割机床、数控冲床、数控剪床、数控液压机等各种工艺用途的数控机床。

（2）按运动方式划分

按运动方式即刀具与工件相对运动方式，数控机床可分为：点位控制、直线控制和轮廓控制三种。如图 1-1 所示。

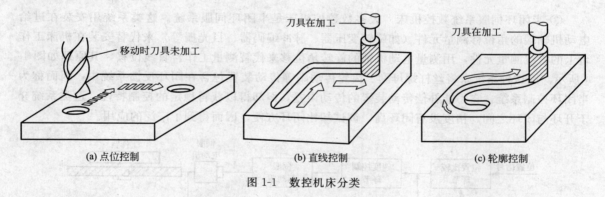

(a) 点位控制　　　　(b) 直线控制　　　　(c) 轮廓控制

图 1-1　数控机床分类

（3）按伺服系统类型划分

按伺服系统类型的不同，数控机床可以分为：开环伺服系统数控机床、闭环伺服系统数控机床和半闭环伺服系统数控机床。

① 开环伺服系统数控机床　这是一种比较原始的数控机床。这类机床的数控系统将零件程序处理后，输出数据指令给伺服系统，驱动机床运动，没有来自位置传感器的反馈信号。最典型的系统就是采用步进电动机的伺服系统，如图 1-2 所示。它一般由步进电动机驱动器、步进电动机、配速齿轮和丝杠螺母传动副等组成。数控系统每发出一个指令脉冲，经驱动器功率放大后，驱动步进电动机旋转一个固定角度（即步距角），再经传动机构带动工作台移动。这类系统的信息流是单向的，即进给脉冲发出去以后，实际移动值不再反馈回来，所以称为开环控制。这类机床较为经济，但加工速度和加工精度较低。

② 闭环伺服系统数控机床　这类机床带有检测装置，直接对工作台的位移量进行检测，其原理如图 1-3 所示。当数控系统发出位移指令脉冲，经电动机和机械传动装置使机床工作台移动时，安装在工作台上的位置检测器把机械位移变换成电信号，反馈到输入端与输入信号进行比较，得到的差值经过放大和变换，最后驱动工作台向减少误差的方向移动，直到差值等于零为止。由于这类控制系统把机床工作台纳入了位置控制环，故称为闭环控制系统。该系统可

以消除包括工作台传动链在内的运动误差，因而定位精度高、调节速度快。但由于该系统受进给丝杠的拉压刚度、扭转刚度、摩擦阻尼特性和间隙等非线性因素的影响，给调试工作造成较大的困难。如果各种参数匹配不当，将会引起系统振荡，造成不稳定，影响定位精度。由于闭环伺服系统复杂、成本高，故适用于精度要求很高的数控机床，如精密数控镗铣床、超精密数控车床等。

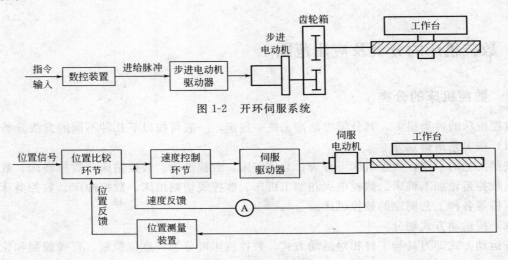

图 1-2　开环伺服系统

图 1-3　闭环伺服系统

③ 半闭环伺服系统数控机床　大多数数控机床是半闭环伺服系统。这类系统用安装在进给电动机轴端的角位移测量元件（如旋转变压器、脉冲编码器、目光栅等）来代替安装在机床工作台上的直线测量元件，用测量电动机轴的旋转角位移来代替测量工作台直线位移，其原理如图 1-4 所示。因这种系统未将丝杠螺母副、齿轮传动副等传动装置包含在闭环反馈系统中，因而称为半闭环控制系统。它不能补偿传动装置的传动误差，但却得以获得稳定的控制特性。这类系统介于开环与闭环之间，精度没有闭环高，调试却比闭环方便，因而得到了广泛的应用。

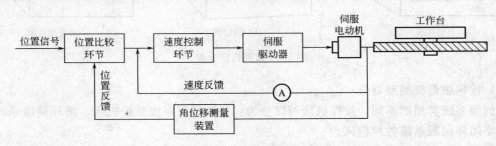

图 1-4　半闭环伺服系统

（4）按数控机床数控系统的功能水平划分

按数控机床数控系统的功能水平可分为：低档、中档和高档。

除了上述几种分类方法以外，还有其他分类方法。例如，按控制轴数和联动轴数可分为几轴联动等多种数控机床；按数控机床功能多少可分为经济型数控机床和全功能型数控机床等。

1.1.2　数控机床的应用范围

（1）**数控车床**：主要用来加工轴类零件的内外圆柱面、圆锥面、螺纹表面、成形回转体面等。对于盘类零件，可以进行钻孔、扩孔、铰孔、镗孔等。机床还可以完成车端面、切槽、倒角等加工。

（2）**数控铣床**：适于加工三维复杂曲面，在汽车、航空航天、模具等行业被广泛采用。可分为数控立式铣床、数控卧式铣床、数控仿形铣床等。

（3）加工中心：一般认为带有自动刀具交换装置（ATC）的数控镗铣床，称为加工中心。可以进行铣、镗、钻、扩、铰、攻丝等多种工序加工。不包括磨削功能，因为微细的磨粒可能进入机床导轨，从而破坏机床的精度。而磨床上有特殊的保护措施。加工中心可分为立式加工中心、卧式加工中心，立式加工中心的主轴是垂直方向的，卧式加工中心的主轴是水平方向的。

（4）数控钻床：分为立式钻床和卧式钻床。主要完成钻孔、攻丝功能，同时也可以完成简单的铣削功能。刀库可以存放多种刀具。

（5）数控磨床：用于高硬度、高精度加工表面。可以分为平面磨床、内圆磨床、轮廓磨床等。随着自动砂轮补偿技术、自动砂轮修整技术和磨削固定循环技术的发展，数控磨床的功能越来越强。

（6）数控电火花成形机床（EDM Machine）：属特种加工方法，利用两个不同极性的电极在绝缘体中产生放电现象，去除材料进而完成加工，适用于形状复杂的模具、难加工材料。

（7）数控线切割机床：原理与电火花成形机床一样。其电极是电机丝，加工液一般是去离子水。

1.2 数控编程常用指令及其格式

数控程序由一系列程序段和程序块构成。程序段是可作为一个单位来处理的连续的字组，它实际是数控加工程序中的一段程序。每一程序段用于描述准备功能、刀具坐标位置、工艺参数和辅助功能等。国际标准化组织（International Organization of Standard，缩写为 ISO）对数控机床的坐标轴和运动方向、数控程序的编码字符和程序段格式、准备功能和辅助功能等制定了若干标准和规范。下面主要介绍常用的（一般均是标准的）数控编程指令及其格式。

1.2.1 程序段的一般格式

一般来说，一个程序段中各指令的格式（举例）为：

N03 G01 X50.1 Y35. Z-25. F150. S04 T04 M03

其中，N03 为程序段号，现代 CNC 系统中很多都不要求一定要有程序段号，即程序段号可有可无；G 代码为准备功能，G01 表示直线插补，一般可以用 G1 代替，即可以省略前导 0；X、Y、Z 为刀具运动的终点坐标位置，现代 CNC 系统一般都对坐标值的小数点有严格的要求（有的系统可以用参数进行设置），比如 32 应写成 32.，否则有的系统会将 32 视为 $32\mu m$，而不是 32mm，而有的系统则视为 32mm，写成 32.，绝对是 32mm；F 为进给速度代码，"F150." 表示进给速度为 150mm/min，其小数点与 X、Y、Z 的小数点同样重要；S04 为主轴转速；T04 为所使用刀具的刀号；M03 为辅助功能指令。

表 1-1 列举了现代 CNC 系统中各编码字符的意义。

表 1-1 编码字符的意义

字 符	意 义	字 符	意 义
A	关于 X 轴的角度尺寸	M	辅助功能
B	关于 Y 轴的角度尺寸	N	顺序号
C	关于 Z 轴的角度尺寸	O	程序编号
D	刀具半径偏置号	P	平行于 X 轴的第三尺寸，也有的定义为固定循环参数
E	第二进给功能	Q	平行于 Y 轴的第三尺寸，也有的定义为固定循环参数
F	第一进给功能	R	平行于 Z 轴的第三尺寸，也有的定义为固定循环参数、圆弧的半径等
G	准备功能		
H	刀具长度偏置号	S	主轴速度功能
I	平行于 X 轴的插补参数或螺纹导程	T	第一刀具功能
J	平行于 Y 轴的插补参数或螺纹导程	U	平行于 X 轴的第二尺寸
K	平行于 Z 轴的插补参数或螺纹导程	V	平行于 Y 轴的第二尺寸
L	有的定义为固定循环返回次数，也有的定义为子程序返回次数	W	平行于 Z 轴的第二尺寸
		X,Y,Z	基本尺寸

1.2.2 常用的编程指令

在表 1-1 所列举的数控程序编码字符中，有的是不常用的，有的只适用于某些特殊的数控机床。这里主要介绍一些常用的编程指令，对于那些不常用的编码字符和编程指令，读者应参考相应的数控机床编程手册。

（1）准备功能指令 准备功能指令由字符 G 和其后的 1～3 位数字组成，常用的为 G00～G99。JB/T3208—1999 标准中规定见表 1-2 所示。

表 1-2 准备功能 G 代码（JB/T 3208—1999）

代　码	功能保持到被取消或被同样字母表示的程序指令所代替	功能仅在所出现的程序段内有作用	功　能	代　码	功能保持到被取消或被同样字母表示的程序指令所代替	功能仅在所出现的程序段内有作用	功　能
G00	a		点定位	G50	#(d)	#	刀具偏置 0/−
G01	a		直线插补	G51	#(d)	#	刀具偏置＋/0
G02	a		顺时针圆弧插补	G52	#(d)	#	刀具偏置−/0
G03	a		逆时针圆弧插补	G53	f		直线偏移注销
G04		*	暂停	G54	f		直线偏移 X
G05	#	#	不指定	G55	f		直线偏移 Y
G06	a		抛物线插补	G56	f		直线偏移 Z
G07	#	#	不指定	G57	f		直线偏移 XY
G08	a		加速	G58	f		直线偏移 XZ
G09	a		减速	G59	f		直线偏移 YZ
G10～G16	#		不指定	G60	h		准确定位 1（精）
G17	c		XY 平面选择	G61	h		准确定位 2（中）
G18	c		ZX 平面选择	G62	h		准确定位（粗）
G19	c		YZ 平面选择	G63		*	攻丝
G20～G32	#	#	不指定	G64～G67	#	#	不指定
G33	a		螺纹切削，等螺距	G68	#(d)	#	刀具偏置，内角
G34	a		螺纹切削，增螺距	G69	#(d)	#	刀具偏置，外角
G35	a		螺纹切削，减螺距	G70～G79	#	#	不指定
G36～G39	#	#	永不指定	G80	e		固定循环注销
G40	d		刀具补偿/刀具偏置注销	G81～G89	e		固定循环
G41	d		刀具补偿（左）	G90	j		绝对尺寸
G42	d		刀具补偿（右）	G91	j		增量尺寸
G43	#(d)	#	刀具偏置（正）	G92		*	预置寄存
G44	#(d)	#	刀具偏置（负）	G93	k		时间倒数，进给率
G45	#(d)	#	刀具偏置＋/＋	G94	k		每分钟进给
G46	#(d)	#	刀具偏置＋/−	G95	k		主轴每转进给
G47	#(d)	#	刀具偏置−/−	G96	i		恒线速度
G48	#(d)	#	刀具偏置−/＋	G97	i		每分钟转数（主轴）
G49	#(d)	#	刀具偏置 0/＋	G98～G99	#		不指定

（2）辅助功能指令 辅助功能指令亦称"M"指令，由地址码 M 之后规定的两位数字指令表示运行时，该指令产生相应的 BCD 代码和选通信号。从 M00 到 M99，共 100 种。这类指令主要用于机床加工操作时的工艺性指令。常用的 M 指令如下。

① M00——程序停止 在执行完 M00 指令程序段之后，主轴停转、进给停止、冷却液关闭、程序停止。当重新按下机床控制面板上的"循环启动"（cycle start）按钮之后，继续执行下一程序段。

② M01——选择程序停止 该指令的作用与 M00 相似。所不同的是，必须在操作面板上预先按下"任选停止"按钮，当执行完 M01 指令程序段之后，程序停止；如果不按下"任选停止"开关，则 M01 指令无效。

③ M02——程序结束 该指令用于程序全部结束，命令主轴停转、进给停止及冷却液关

闭。常用于机床复位及纸带倒回到"程序开始"字符。

④ M03、M04、M05　分别为主轴顺时针旋转、主轴逆时针旋转及主轴停止。

⑤ M06——换刀　用于具有刀库的数控机床（如加工中心）的换刀功能。

⑥ M08——冷却液开　打开冷却液。

⑦ M09——冷却液关　关闭冷却液。

⑧M30——程序结束并返回。

（3）其他常用功能指令

① T 功能——刀具功能　Tnn 代码用于选择刀具库中的刀具，但并不执行换刀操作，M06 用于启动换刀操作。Tnn 不一定要放在 M06 之前，只要放在同一程序段中即可（在有的数控车床上，T 具有换刀功能）。

② S 功能——主轴速度功能　S 代码后的数值为主轴转速，要求为整数，速度范围是从 1 到最大的主轴转速。在零件加工之前一定要先启动主轴运转（M03 或 M04）。对于数控车床，可以指定恒表面切削速度。

③ F 功能——进给速度/进给率功能　在只有 X、Y、Z 三坐标运动的情况下，P 代码后面的数值表示刀具的运动速度，单位为 mm/min（数控车床还可用 mm/rev）。如果运动坐标有转角坐标 A、B、C 中的任何一个，则 F 代码后的数值表示进给率，即 $F = 1/\Delta t$，其中，Δt 为走完一个程序段所需要的时间，F 的单位为 1/min。在程序启动第一个 G01、G02 或 G03 功能时，必须同时启动 F 功能。当前 F 值在下一个新的 F 值之前保持不变。

1.3　手工编程与自动编程

1.3.1　自动编程的基本原理

自动编程是通过数控自动程序编制系统实现的。自动编程系统（图 1-5）由硬件和软件两部分组成。硬件主要有计算机、绘图机、打印机、穿孔机及其他一些外围设备；软件即计算机编程系统，又称编译软件。

自动编程的工作过程如图 1-6 所示。

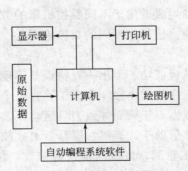

图 1-5　数控自动编程系统的组成　　　　图 1-6　自动编程的工作过程

（1）准备原始数据　自动编程系统不会自动地编制出完美的数控程序。首先，人们必须给计算机输入必要的原始数据，这些原始数据描述了被加工零件的所有信息，包括零件的几何形状、尺寸和几何要素之间的相互关系，刀具运动轨迹和工艺参数等原始数据的表现形式随着自动编程技术的发展越来越多样化，它可以是用数控语言编写的零件源程序，也可以是零件的图形信息，还可以是操作者发出的指令声音等。这些原始数据是由人工准备的，当然，它比直接编制数控程序要简单、方便得多。

（2）输入、翻译　原始数据以某种方式输入计算机后，计算机并不能立即识别和处理，必须通过一套预先存放在计算机中的编程系统软件，将它翻译成计算机能够识别和处理的形式，故又称编译软件。计算机编程系统品种繁多，原始数据的输入方式不同，其编程系统也不一样，即使是同一种输入方式，也有多种不同的编程系统。

（3）数学处理　这部分主要是根据已经翻译的原始数据计算出刀具相对于工件的运动轨迹。编译和计算合称为前置处理。

（4）后置处理　后置处理就是编程系统将前置处理的结果处理成具体的数控机床所需要的输入信息，即形成零件加工的数控程序。

（5）信息的输出　将后置处理得到的程序利用计算机和数控机床的通信接口，直接把程序信息输入数控机床，从而控制数控机床的加工，或边输入、边加工；还可利用打印机打印输出制成程序单。

1.3.2　自动编程的主要特点

与手工编程相比，自动编程速度快、质量好，这是因为自动编程具有以下主要特点。

（1）数学处理能力强　对轮廓形状不是由简单的直线、圆弧组成的复杂零件，特别是空间曲面零件，以及几何要素虽不复杂，但程序量很大的零件，计算则相当繁琐，采用手工程序编制是难以完成的。例如，对一般二次曲线的轮廓加工，手工编程必须采取直线和圆弧逼近的方法，才能算出各节点的坐标值，其中列算式、解方程的工作量之大是难以想象的。而自动编程借助于系统软件强大的数学处理能力，人们只需给计算机输入该二次曲线的描述语句，计算机就能自动计算出加工该曲线的刀具轨迹，其结果既快速又准确。功能较强的自动编程系统还能处理手工编程难以胜任的二次曲面和特种曲面。

（2）能快速、自动生成数控程序　对非圆曲线的轮廓加工，手工编程即使解决了节点坐标的计算，但往往因节点数过多，程序段很大而使编程工作既慢又容易出错。自动编程的一大优点之一，就是在完成计算刀具运动轨迹之后，后置处理程序能在极短的时间内自动生成数控程序，且该数控程序不会出现语法错误，当然自动生成程序的速度还取决于计算机硬件的档次，档次越高，其速度越快。

（3）后置处理程序灵活多变　同一个零件在不同的数控机床上加工，由于数控系统的指令形式不相同，机床的辅助功能也不一样，伺服系统的特性也有差别。因此，数控程序也不一样。但在前置处理过程中，大量的数学处理、轨迹计算却是一致的，这就是说，前置处理可以通用化，只要稍微改变一下后置处理程序，就能自动生成适用于不同数控机床的数控程序。后置处理相比前置处理工作量要小得多，但它灵活多变，适用于不同的数控机床。

（4）程序自检、纠错能力强

复杂零件的数控加工程序往往很长，欲求一次编程成功、不出一点错误是不现实的。手工编程时，可能存在书写笔误、算式有问题，也可能程序格式出错，靠人工检查一个个错误费时又费力。若采用自动编程，则程序有错主要是原始数据不正确而导致刀具运动轨迹有误，或刀具与工件干涉，或刀具与机床相撞等。自动编程能够借助于计算机在屏幕上对数控程序进行动态模拟，连续、逼真地显示刀具加工轨迹和零件加工轮廓，发现问题及时修改，快速又方便。现在，往往在前置处理阶段，计算出刀具运动轨迹以后立即进行动态模拟检查，确定无误以后再进入后置处理，从而编写出正确的数控程序。

（5）便于实现与数控系统的通信

自动编程生成的数控程序一般制成穿孔纸带输入数控系统，控制数控机床进行加工。如果数控程序很长，而数控系统的容量有限，不足以一次容纳整个数控程序，则必须对数控程序进行分段处理，分批输入，这样就比较麻烦。自动编程系统通信可以把自动生成的数控程序经通信接口直接输入数控系统，控制数控机床加工，无需再制备穿孔纸带等控制介质，而且可以做到边输入、边加工，不必考虑因数控系统内存不够大而将数控程序分段的问题。自动编程的通信功能能进一步提高编程效率，缩短生产周期。

自动编程技术优于手工编程这是不容置疑的。但是，并不等于说凡是编程必选自动编程，编程方法的选择必须考虑被加工零件形状的复杂程度、数值计算的难度、工作量的大小、现有设备条件（计算机、编程系统等）以及时间和费用等诸多因素。一般来说，加工形状简单的零件（例如，点位加工或直线切削零件），用手工编程所需的时间和费用与计算机自动编程所需的时间和费用相差不大，这时采用手工编程比较合适。

手工编程的知识在本书中不予详细介绍。

1.4 CAD/CAM 集成数控自动编程系统介绍

1.4.1 熟悉系统的功能与使用方法

在使用一个 CAD/CAM 集成数控编程系统进行零件数控加工编程之前，应对该系统的功能及使用方法有一个比较全面的了解。

（1）了解系统的功能框架 对于 CAD/CAM 集成数控编程系统，首先应了解其总体功能框架，包括造型设计、二维工程绘图、装配、模具设计、制造等功能模块，以及每一个功能模块所包含的内容，特别应关注造型设计中的草图设计、曲面设计、实体造型以及特征造型的功能，因为这些是数控加工编程的基础。

（2）了解系统的数控加工编程能力 对于数控加工编程，至关重要的是系统的数控编程能力。一个系统的数控编程能力主要体现在以下几方面。

① 适用范围：车削、铣削、线切割（EDM）等。

② 可编程的坐标数：点位、二坐标、三坐标、四坐标以及五坐标。

③ 可编程的对象：多坐标点位加工编程、表面区域加工编程（是否具备多曲面区域的加工编程）、轮廓加工编程、曲面交线及过渡区域加工编程、型腔加工编程、曲面通道加工编程等。

④ 是否具备刀具轨迹的编辑功能，有哪些编辑手段，如刀具轨迹避换、裁剪、修正、删除、转置、匀化（刀位点加密、浓缩和筛选）、分割及连接等。

⑤ 是否具备刀具轨迹验证的能力，有哪些验证手段，如刀具轨迹仿真、刀具运动过程仿真、加工过程模拟、截面法验证等。

（3）熟悉系统的界面和使用方法 通过系统提供的手册、例子或教程，熟悉系统的操作界面和风格，掌握系统的使用方法。

（4）了解系统的文件管理方式 对于一个零件的数控加工编程，最终要得到的是能在指定的数控机床上完成该零件加工的正确的数控程序，该程序是以文件形式存在的。在实际编程时，往往还要构造一些中间文件，如零件模型（或加工单元）文件、工作过程文件（日志文件）、几何元素（曲线、曲面）的数据文件、刀具文件、刀位原文件、机床数据文件等。在使用之前应该熟悉系统对这些文件的管理方式以及它们之间的关系。

1.4.2 分析加工零件

当拿到待加工零件的零件图样或工艺图样（特别是复杂曲面零件和模具图样）时，首先应对零件图样进行仔细分析。内容包括如下几方面。

（1）分析待加工表面 一般来说，在一次加工中，只需对加工零件的部分表面进行加工。这一步骤的内容是：确定待加工表面及其约束面，并对其几何定义进行分析，必要的时候需对原始数据进行一定的预处理，要求所有几何元素的定义具有唯一性。

（2）确定加工方法 根据零件毛坯形状以及待加工表面及其约束面的几何形态，并根据现有机床设备条件，确定零件的加工方法及所需的机床设备和工夹量具。

（3）确定编程原点及编程坐标系　一般根据零件的基准面（或孔）的位置以及待加工表面及其约束面的几何形态，在零件毛坯上选择一个合适的编程原点及编程坐标系（称为工件坐标系）。

1.4.3　对待加工表面及其约束面进行几何造型

这是数控加工编程的第一步。对于 CAD/CAM 集成数控编程系统来说，一般可根据几何元素的定义方式，在前面零件分析的基础上，对加工表面及其约束面进行几何造型。

1.4.4　确定工艺步骤并选择合适的刀具

一般来说，可根据加工方法和加工表面及其约束面的集合形态选择合适的刀具类型及刀具尺寸。但对于某些复杂曲面零件，则需要对加工表面及其约束面的几何形态进行数值计算，根据计算结果才能确定刀具类型和刀具尺寸，这是因为，对于一些复杂曲面零件的加工，希望所选择的刀具加工效率高，同时又希望所选择的刀具符合加工表面的要求，且不与非加工表面发生干涉或碰撞。但在某些情况下，加工表面及其约束面的几何形态数值计算很困难，只能根据经验和直觉选择刀具。这时，便不能保证所选择的刀具是合适的，这就需要在刀具轨迹生成之后，对它进行一定的验证。

1.4.5　刀具轨迹生成及刀具轨迹编辑

对于 CAD/CAM 集成数控编程，一般可在所定义加工表面及其约束面（或加上单元）上确定其外法向矢量方向，并选择一种走刀方式，根据所选择的刀具（或定义的刀具）和加工参数，系统将自动生成所需的刀具轨迹。所要求的加工参数包括：安全平面、主轴转速、进给速度、线性逼近误差、刀具轨迹间的残留高度、切削深度、加工余量、进刀/退刀方式等。当然，对于某一加工方式来说，可能只要求其中的部分加工参数。一般来说，数控编程系统对所要求的加工参数都有一个默认值。

刀具轨迹生成以后，如果系统具备刀具轨迹显示及交互编辑功能，则可以将刀具轨迹显示出来，如果有不太合适的地方，可以在人工交互方式下对刀具轨迹进行适当的编辑与修改。刀具轨迹计算的结果存放在刀位源文件（.cls）之中。

1.4.6　刀具轨迹验证

如果系统具有刀具轨迹验证功能，可对可能过切、干涉与碰撞的刀位点采用系统提供的刀具轨迹验证手段进行检验。

值得说明的是，对于非动态图形仿真验证，由于刀具轨迹验证需大量应用曲面求解算法，其计算时间比较长，因此，最好在批处理方式下进行，检验结果存放在刀具轨迹验证文件之中，供分析和图形显示用。

1.4.7　后置处理

根据所选用的数控系统，调用其机床数据文件，运行数控编程系统提供的后置处理程序，将刀位源文件转换成数控加工程序。

1.5　机床坐标系与工件坐标系

工件坐标系是在数控编程时用来定义工件形状和刀具相对工件运动的坐标系，为保证编程与机床加工的一致性，工件坐标系也应是右手笛卡儿坐标系。工件装夹到机床上时，应使工件坐标系与机床坐标系的坐标轴方向保持一致。工件坐标系的原点称为工件原点或编程原点，工件原点在工件上的位置虽可任意选择，但一般应遵循以下原则：

　　1）工件原点选在工件图样的基准上，以利于编程；

　　2）工件原点尽量选在尺寸精度高、粗糙度值低的工件表面上；

　　3）工件原点最好选在工件的对称中心上；

　　4）要便于测量和检验。

　　在数控车床上加工工件时，工件原点一般设在主轴中心线与工件右端面（或左端面）的交点处，如图 1-7（a）所示。在数控铣床上加工工件时，工件原点一般设在进刀方向一侧工件外轮廓表面的某个角上或对称中心上，如图 1-7（b）所示。

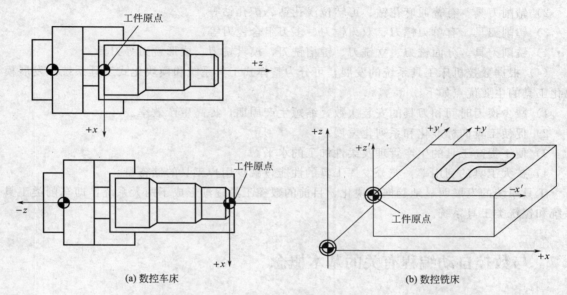

图 1-7　数控机床工件原点

1.6　刀具的类型及应用场合

　　数控机床加工时都必须采用数控刀具，数控刀具主要是指数控车床、数控铣床、加工中心等机床上所使用的刀具。从现实情况看，应从广义上来理解"数控机床刀具"的含义。随着数控机床结构、功能的发展，现在数控机床所使用的刀具，不是普通机床所采用的"一机一刀"的模式，而是多种不同类型的刀具同时在数控机床的主轴上（刀盘上）轮换使用，可以达到自动换刀的目的。因此，对"刀具"的含义应理解为"数控工具系统"。数控刀具按不同的分类方式可分成几类。

　　（1）数控刀具从结构上可分为如下几种。

　　1）整体式。由整块材料磨制而成，使用时可根据不同用途将切削部分修磨成所需要形状。

　　2）镶嵌式。分为焊接式和机夹式。机夹式又根据刀体结构的不同，可分为不转位和可转位两种。

　　3）减震式。当刀具的工作臂长度与直径比大于 4 时，为了减少刀具的振动，提高加工精度，所采用的一种特殊结构的刀具，主要用于镗孔。

　　4）内冷式。刀具的切削冷却液通过机床主轴或刀盘传递到刀体内部由喷孔喷射到切削刃部位。

　　5）特殊形式。包括强力夹紧、可逆攻丝、复合刀具等。

　　目前数控刀具主要采用机夹可转位刀具。

　　（2）数控刀具从制造所采用的材料上可分为如下几种。

1）高速钢刀具。

2）硬质合金刀具。

3）陶瓷刀具。

4）立方氮化硼刀具。

5）聚晶金刚石刀具。

目前数控机床用得最普遍的是硬质合金刀具。

（3）数控刀具从切削工艺上可分为如下几种。

1）车削刀具。有外圆车刀、端面车刀和成形车刀等。

2）钻削刀具。有普通麻花钻、可转位浅孔钻、扩孔钻等。

3）镗削刀具。有单刃镗刀、双刃镗刀、多刃组合镗刀等。

4）铣削刀具。分面铣刀、立铣刀、键槽铣刀、模具铣刀、成形铣刀等刀具。

（4）根据数控机床工具系统的发展，可分为整体式工具系统和模块化式工具系统。发展模块化工具的主要优点如下。

1）减少换刀时间和刀具的安装次数，缩短生产周期，提高生产效率。

2）促使工具向标准化和系列化发展。

3）便于提高工具的生产管理及柔性加工的水平。

4）扩大工具的利用率，充分发挥工具的性能，减少用户工具的储备量。

工具系统的发展明显地趋向模块化，目前的数控工具逐渐形成了两大系统，即车削类工具系统和镗铣类工具系统。

1.7   与数控自动编程有关的基本概念

1.7.1   数控编程的方法

数控机床是按照事先编制好的零件加工程序自动对工件进行加工的高效自动化设备。在数控编程之前，编程人员首先应了解所用数控机床的规格、性能与数控系统所具备的功能及编程指令格式等。编制程序时，应先对图样规定的技术要求、零件的几何形状、尺寸及工艺要求进行分析，确定加工路线，再进行数学计算，获得刀位数据，然后按数控机床规定的代码和程序格式，将工件的尺寸、刀具运动中心轨迹、位移量、切削参数以及辅助功能（换刀、主轴正反转、冷却液开关等）编制成加工程序，并输入数控系统，由数控系统控制数控机床自动进行加工。

数控机床所使用的程序是按一定的格式样以代码的形式编制的，一般称为加工程序，目前零件加工程序的编制主要采用以下三种方法。

（1）手工编程   利用一般的计算工具，通过各种数学方法，人工进行刀具轨迹的运算，并编制指令。这种方式比较简单，很容易掌握，适应性较强。适用于中等复杂程度程序或计算量不大的零件编程，对机床操作人员来讲必须掌握。

（2）CAD/CAM   利用 CAD/CAM 技术进行零件设计、分析和造型，并通过后置处理，自动生成加工程序，经过程序校验和修改后，形成加工程序。该种方法适用于制造业中的 CAD/CAM 系统，目前正被广泛应用。该方法适应面广、效率高、程序质量好，适用于各类柔性制造系统（FMS）和集成制造系统（CIMS）。

（3）程序代码   国际标准化组织（ISO）在数控技术方面制定了一系列相应的国际标准，各国也都根据自己的实际情况制定了各自的国家标准，这些标准是数控加工编程的基本原则。在数控加工编程中常用的标准如下。

1）数控纸带的规格。

2）数控机床坐标轴和运动方向。

3）数控编程的编码字符。

4）数控编程的程序段格式。

5）数控编程的功能代码。

国际上通用的有 EIA（英国电子工业协会）和 ISO（国际标准化协会）两种代码，代码中有数字码（0～9）、文字码（A～Z）和符号码。

1.7.2 程序结构与格式

（1）程序的结构 一个完整的程序由程序号、程序内容和程序结束三部分组成。程序结构示例如下：

```
O0001   程序号
N1  G90 G54 G00 X0 Y0 S1000 M03；      第一段程序段
N2  Z100.0；                          第二段程序段
N3  G41 X20.0 Y10.0 D01；             ……
N4  Z2.0；
N5  G01 Z-10.0 F100；
N6  Y50.0 F200；
N7  X50.0；
N8  Y20.0；
N9  X10.0；
N10 G00 Z100.0；
N11 G40 X0 Y0 M05；
N12 M30；                            程序结束
```

① 程序号。程序号即为程序的开始部分，为程序的开始标记，供在数控装置存储器中的程序目录中查找、调用。程序号由地址码和四位编号数字组成。如上例中的地址码 O 和编号数字 0001。也有的系统地址码用 P 或 ％ 表示。

② 程序内容。程序内容是整个程序的主要部分，它由多个程序段组成。每个程序段由若干个字组成，每个字又由地址码和若干个数字组成。指令字代表某一信息单元，它代表机床的一个位置或一个动作。

③ 程序结束。程序结束一般用辅助功能代码 M02（程序结束）和 M30（程序结束，返回起点）来表示。

表 1-3 列举了现代 CNC 系统中各地址码字符的意义。

表 1-3 地址码字符的意义

地址码	意　义	地址码	意　义
A	关于 X 轴的角度尺寸	O	程序编号
B	关于 Y 轴的角度尺寸	P	平行于 X 轴的第三尺寸，有的定义为固定循环参数
C	关于 Z 轴的角度尺寸		
D	刀具半径的偏置号	Q	平行于 Y 轴的第三尺寸，有的定义为固定循环参数
E	第二进给功能		
F	第一进给功能	R	平行于 Z 轴的第三尺寸，有的定义为固定循环参数、圆弧半径等
G	准备功能		
H	刀具长度偏置号	S	主轴转速功能
I	平行于 X 轴的插补参数或螺纹导程	T	刀具功能
J	平行于 Y 轴的插补参数或螺纹导程	U	平行于 X 轴的第二尺寸
K	平行于 Z 轴的插补参数或螺纹导程	V	平行于 Y 轴的第二尺寸
L	有的系统定义为固定循环次数，有的系统定义为子程序返回次数	W	平行于 Z 轴的第二尺寸
		X	X轴方向的主运动坐标
M	辅助功能	Y	Y轴方向的主运动坐标
N	程序段号	Z	Z轴方向的主运动坐标

（2）程序段格式　程序段格式是指一个程序段中的字、字符和数据的书写规则。目前常用的是字地址可变程序段格式。它由程序段号、数据字和程序段结束符组成。每个字的字首是一个英文字母，称为字地址码。字地址码可变程序段格式如下：

字地址码可变程序格式的特点是：程序段中各字的先后排列顺序并不严格，不需要的字以及与上一程序段相同的继续使用的字可以省略；数据的位数可多可少；程序简短、直观、不易出错，因而得到广泛应用。如：N20G01X26.8Y32.Z15.428F152。

① 程序段序号（简称顺序号）。通常用数字表示，在数字前还冠有标识符号 N，如 N20、N0020 等。现代 CNC 系统中很多都不要求有程序段号，即程序段号可有可无。

② 准备功能（简称 G 功能）。它由表示准备功能地址符 G 和数字组成，如：G01，G01 表示直线插补，一般可以用 G1 代替，即可以省略前导 0，G 功能的代号已标准化。

③ 坐标字。由坐标地址符及数字组成，且按一定的顺序进行排列，各组数字必须具有作为地址码的地址符（如 X、Y 等）开头。各坐标轴的地址符按下列顺序排列：

X、Y、Z、U、V、W、P、Q、R、A、B、C

X、Y、Z 为刀具运动的终点坐标位置，现代 CNC 系统一般都对坐标值的小数点有严格的要求（有的系统可以用参数进行设置），比如，32 应写成 32.，否则有的系统会将 32 视为 $32\mu m$，而不是 32mm，而写成 32. 均会被认为是 32mm。

④ 进给功能 F。由进给地址符 F 及数字组成，数字表示所选定的进给速度，如：F152.，表示进给速度为 152mm/min，其小数点与 X、Y、Z 后的小数点同样重要。

⑤ 主轴转速功能 S。由主轴地址符 S 及数字组成，数字表示主轴转数，单位为 r/min。

⑥ 刀具功能 T。由地址符 T 和数字组成，用以指定刀具的号码。

⑦ 辅助功能（简称 M 功能）。由辅助操作地址符 M 和两位数字组成。

⑧ 程序段结束符号。列在程序段的最后一个有用的字符之后，表示程序段的结束。因控制系统不同，结束符应根据编程手册规定而定。

第 2 章　数控加工工艺设计

2.1　数控加工工艺概述

2.1.1　数控加工工艺的特点

数控加工工艺与普通加工工艺基本相同，在设计零件的数控加工工艺时，首先要遵循普通加工工艺的基本原则与方法，同时还需考虑数控加工本身的特点和零件编程要求。数控加工的基本特点有以下五方面。

（1）内容十分明确而具体

数控加工工艺与普通加工工艺相比，在工艺文件的内容和格式上都有较大区别，如在加工部位加工顺序、刀具配置与使用顺序、刀具轨迹、切削参数等方面，都要比普通机床加工工艺中的工序内容更详细。数控加工工艺必须详细到每一次走刀路线和每一个操作细节，即普通加工工艺通常留给操作者完成的工艺与操作内容（如工步的安排、刀具几何形状及安装位置等），都必须由编程人员在编程时预先确定。也就是说，在普通机床加工时本来由操作工人在加工中灵活掌握并通过适时调整来处理的许多工艺问题，在数控加工时就必须由编程人员事先具体设计和明确安排。

（2）工艺工作要求相当准确而严密

虽然数控机床自动化程度高，但自适应性差，它不能像普通加工时那样可以根据加工过程中出现的问题自由地进行人为调整。例如，在数控机床上加工内螺纹时，它并不知道孔中是否挤满了切屑，何时需要退一次刀，待清除切屑后再进行加工。所以，在数控加工的工艺设计中必须注意加工过程中的每一个细节，尤其是对图形进行数学处理，计算和编程时一定要力求准确无误。

（3）采用多坐标联动自动控制加工复杂表面

对于一般简单表面的加工方法，数控加工与普通加工无太大的差别。但是对于一些复杂表面、特殊表面或有特殊要求的表面，数控加工与普通加工有着根本不同的加工方法。例如：对于曲线和曲面的加工，普通加工是用画线、样板、靠模、钳工、成形加工等方法进行，这样不仅生产效率低，而且还难以保证加工质量。而数控加工则采用多坐标联动自动控制加工方法，其加工质量与生产效率是普通加工方法无法比拟的。

（4）采用先进的工艺装备

为了满足数控加工中高质量、高效率和高柔性的要求，数控加工中广泛采用先进的数控刀具、组合夹具等工艺装备。

（5）采用工序集中

由于现代数控机床具有刚性大、精度高、刀库容量大、切削参数范围广及多坐标、多工位等特点。因此，在工件的一次装夹中可以完成多个表面的多种加工，甚至可在工作台上装夹几个相同或相似的工件进行加工，从而缩短了加工工艺路线和生产周期，减少了加工设备、工装和工件的运输工作量。

2.1.2　数控加工工艺的主要内容

数控加工工艺主要包括如下内容。

（1）选择适合在数控机床上加工的零件，确定工序内容。

（2）分析被加工零件的图样，明确加工内容及技术要求。

（3）确定零件的加工方案，制定数控加工工艺路线。如划分工序、安排加工顺序、处理与非数控加工工序的衔接等。

（4）加工工序的设计。如选取零件的定位基准、夹具方案的确定、划分工步、选取刀辅具、确定切削用量等。

（5）数控加工程序的调整。选取对刀点和换刀点，确定刀具补偿，确定加工路线。

（6）分配数控加工中的容差。

（7）处理数控机床上的部分工艺指令。

虽然数控加工工艺的内容较多，但有些内容与普通机床加工工艺的内容非常相似。

2.2　数控加工工艺性分析

在选择并决定数控加工零件及其加工内容后，应对零件的数控加工工艺性进行全面、认真、仔细的分析。主要内容包括产品的零件图样分析、结构工艺性分析和零件安装方式的选择等。

2.2.1　零件图样分析

对零件图样进行分析时，首先应熟悉零件在产品中的作用、位置、装配关系和工作条件，弄清楚各项技术要求对零件装配质量和使用性能的影响，找出主要的和关键的技术要求，然后才对零件图样进行分析。

（1）尺寸标注方法分析

零件图样尺寸的标注方法应适合数控加工的特点，如图 2-1(a) 所示，在数控加工零件图样中，应以同一基准标注尺寸或直接给出坐标尺寸。这种标注方法既便于编程，又有利于设计基准、工艺基准、测量基准和编程原点的统一。由于零件设计人员一般在尺寸标注中较多地考虑装配等使用方面的特性，而不得不采用如图 2-1(b) 所示的局部分散的标注方法，这样就给工序安排和数控加工带来诸多不便。由于数控加工精度和重复定位精度都很高，不会因产生较大的累积误差而破坏零件的使用特性，因此，可将局部的分散标注法改为同一基准标注或直接给出坐标尺寸的标注法。

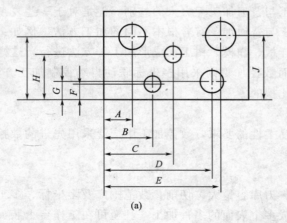 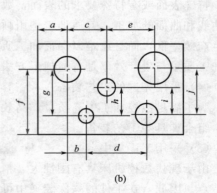

(a)　　　(b)

图 2-1　零件尺寸标注分析

（2）零件图的完整性与正确性分析

构成零件轮廓的几何元素（点、线、面）的条件（如相切、相交、垂直和平行等）是数控编程的重要依据。手工编程时，要依据这些条件计算每一个节点的坐标。自动编程时，则要根据这些条件才能对构成零件的所有几何元素进行定义，任何一个条件不明确，编程都无法进行。因此，在分析零件图样时，务必要分析几何元素的给定条件是否充分。

（3）零件技术要求分析

零件的技术要求主要是指尺寸精度、形状精度、位置精度、表面粗糙度及热处理等。这些要求在保证零件使用性能的前提下，应经济合理。过高的精度和表面粗糙度要求会使工艺过程复杂、加工困难、成本提高。

（4）零件材料分析

在满足零件功能的前提下，应选用廉价、切削性能好的材料。

2.2.2　零件的结构工艺性分析

零件的结构工艺性是指所设计的零件在满足使用要求的前提下制造的可行性和经济性。良好的结构工艺性可以使零件加工更容易，工时和材料更节省。而较差的零件结构工艺性会使加工困难，工时和材料浪费，有时甚至无法加工。因此，零件各加工部位的结构工艺性应符合数控加工的特点。

（1）零件的内腔和外形最好采用统一的几何类型和尺寸，这样可以减少刀具规格和换刀次数，使编程更方便，从而提高生产效率。

（2）内槽圆角的大小决定刀具直径的大小，所以内槽圆角半径不应太小。对于图 2-2 所示的零件，其结构工艺性的好坏与被加工轮廓的高低、转角圆弧半径的大小等因素有关。图 2-2(a) 与图 2-2(b) 相比，后者转角圆弧半径大，可以采用较大直径的立铣刀来加工；加工平面时，进给次数也相应减少，表面加工质量也会好一些，因而工艺性较好。通常，$R<0.2H$ 时，可以判定零件该部位的工艺性不好。

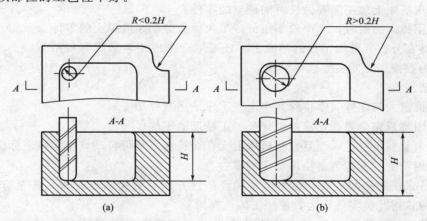

图 2-2　内槽结构工艺性对比

（3）铣槽底平面时，槽底圆角半径 r 不要过大。如图 2-3 所示，铣刀端面刃与铣削平面的最大接触直径 $d=D-2r$（D 为铣刀直径），当 D 一定时，r 越大，铣刀端面刃铣削平面的面积越小，加工平面的能力就越差，效率越低，工艺性也越差。当 r 大到一定程度时，甚至必须用球头铣刀加工，这是应该尽量避免的。

（4）应采用统一的基准定位。在数控加工中若没有统一的定位基准，则会因工件的二次装夹而造成加工后两个面上的轮廓位置及尺寸不协调现象。另外，零件上最好有合适的孔作为定位基准孔，若没有，则应设置工艺孔作为定位基准孔。若无法制出工艺孔，最起码也要用精加工表面作为统一基准，以减少二次装夹产生的误差。

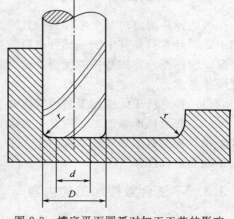

图 2-3　槽底平面圆弧对加工工艺的影响

2.3 数控加工内容的选择

2.3.1 选择适合数控加工的零件

虽然数控机床具有高精度、高柔性、高效率等特点，但不是所有的零件都适合在数控机床上加工。一般可按适应程度将零件分为以下三类。

（1）最适应类

① 形状复杂、加工精度要求高，通用机床无法加工或很难保证加工质量的零件。

② 具有复杂曲线或曲面轮廓的零件。

③ 具有难测量、难控制进给、难控制尺寸型腔的壳体或盒形零件。

④ 必须在一次装夹中完成铣、镗、锪、铰或攻丝等多道工序的零件。

对于此类零件，首要考虑的是能否加工出来。只要有可能，应把采用数控加工作为首选方案，而不要过多地考虑生产效率与成本问题。

（2）较适应类

① 零件价值较高，在通用机床上加工时容易受人为因素（如工人技术水平高低、情绪波动等）干扰而影响加工质量，从而造成较大经济损失的零件。

② 在通用机床上加工时必须制造复杂专用工装的零件。

③ 需要多次更改设计后才能定型的零件。

④ 在通用机床上加工需要做长时间调整的零件。

⑤ 用通用机床加工时，生产效率很低或工人体力劳动强度很大的零件。

此类零件在分析其可加工性的基础上，还要综合考虑生产效率和经济效益。一般情况下，可把它们作为数控加工的主要选择对象。

（3）不适应类

① 生产批量大的零件（不排除其中个别工序采用数控加工）。

② 装夹困难或完全靠找正定位来保证加工精度的零件。

③ 加工余量极不稳定，而且数控机床上无在线检测系统可自动调整零件坐标位置的零件。

④ 必须用特定的工艺装备协调加工的零件。

这类零件采用数控加工后，在生产率和经济性方面一般无明显改善，甚至有可能得不偿失，一般不应该把此类零件作为数控加工的选择对象。

另外，数控加工零件的选择还应该结合本单位拥有的数控机床的具体情况来选择加工对象。

2.3.2 确定数控加工的内容

当选择并决定对某个零件进行数控加工后，一般情况下，并非其全部加工内容都采用数控加工，而经常只是其中的一部分进行数控加工。因此，在选择并做出决定时，一定要结合实际情况，注意充分发挥数控的优势，选择那些最需要进行数控加工的内容和工序，一般可按照以下顺序考虑。

（1）普通机床无法加工的内容作为优先选择内容。

（2）普通机床难加工、质量也难保证的内容应作为重点选择内容。

（3）普通机床加工效率低、工人手工操作劳动强度大的内容，可在数控机床尚有加工能力的基础上进行选择。

2.3.3 不适合数控加工的内容

相比之下，下列一些加工内容则不宜选择数控加工。

（1）需要用较长时间占机调整的加工内容。

（2）加工余量极不稳定，且数控机床上又无法自动调整零件坐标位置的加工内容。

（3）不能在一次安装中加工完成的零星分散部位，采用数控加工很不方便，效果不明显，可以安排普通机床补充加工。

此外，在选择和决定数控加工内容时，还要考虑生产批量、生产周期、工序间周转情况等。

2.4　加工工艺方法的选择及加工方案的确定

2.4.1　机床的选择

在数控机床上加工零件一般有以下两种情况：一种是有零件图样和毛坯，要选择适合加工该零件的数控机床；另一种是已经有了数控机床，要选择适合该机床加工的零件。无论哪种情况，考虑的因素主要有毛坯的材料和类型、零件轮廓形状复杂程度、尺寸大小、加工精度、零件数量、热处理要求等。概括起来，机床的选用要满足以下要求：

① 保证加工零件的技术要求，能够加工出合格产品；

② 有利于提高生产率；

③ 可以降低生产成本。

由于每一类机床都有不同的型式，其工艺范围、技术规格、加工精度、生产率及自动化程度都各不相同。为了正确地为每一道工序选择机床，除了充分了解机床的性能外，尚需考虑以下诸点。

（1）机床的类型应与工序划分的原则相适应。数控机床或通用机床适用于工序集中的单件小批量生产；对大批大量生产，则应选择高效自动化机床和多刀、多轴机床。加工工序按分散原则划分，则应选择结构简单的专用机床。

（2）机床的主要规格尺寸应与工件的外形尺寸和加工表面的有关尺寸相适应，即小工件用小规格的机床加工，大工件用大规格的机床加工。

（3）机床的精度与工序要求的加工精度相适应。粗加工工序应选用精度低的机床，精度要求高的精加工工序应选用精度高的机床。但机床精度不能过低，也不能过高，若机床精度过低，不能保证加工精度；机床精度过高，会增加零件制造成本。因此，应根据零件加工精度要求合理选择机床。

从加工工艺的角度分析，选用的数控机床功能还必须适应被加工零件的形状、尺寸精度和生产节拍等要求。

2.4.2　加工方法的选择

机械零件的结构形状是多种多样的，但它们都是由平面、外圆柱面、内圆柱面或曲面、成形面等基本表面组成的。每一种表面都有多种加工方法，具体选择时应根据零件的加工精度、表面粗糙度、材料、结构形状、尺寸及生产类型等因素，选用相应的加工方法和加工方案。

2.4.2.1　外圆表面加工方法的选择

外圆表面的主要加工方法是车削和磨削。当表面粗糙度要求较高时，还要经光整加工。外圆表面的加工方案如图 2-4 所示。

（1）最终工序为车削的加工方案，适用于除淬火钢以外的各种金属。

（2）最终工序为磨削的加工方案，适用于淬火钢、未淬火钢和铸铁，不适用于有色金属，因为有色金属韧性大，磨削时易堵塞砂轮。

（3）最终工序为精细车或金刚车的加工方案，适用于要求较高的有色金属的精加工。

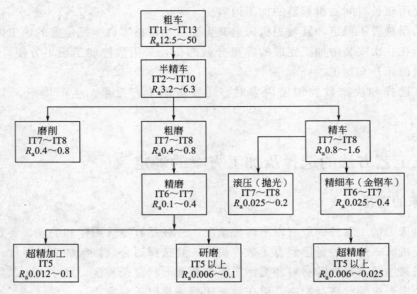

图 2-4　外圆表面加工方法的选择

（4）最终工序为光整加工，如研磨、超精磨及超精加工等，为提高生产效率和加工质量，一般在光整加工前进行精磨。

（5）对表面粗糙度要求高而尺寸精度要求不高的外圆，可采用滚压或抛光。

2.4.2.2　内孔表面加工方法的选择

内孔表面加工方法有钻孔、扩孔、铰孔、镗孔、拉孔、磨孔和光整加工。图 2-5 所示为常用的孔加工方案，应根据被加工孔的加工要求、尺寸、具体生产条件、批量的大小及毛坯上有无预制孔等情况合理选用。

（1）加工精度为 IT9 级的孔，当孔径小于 10mm 时，可采用钻-铰方案；当孔径小于 30mm 时，可采用钻-扩方案；当孔径大于 30mm 时，可采用钻-镗方案。工件材料为淬火钢以外的各种金属。

（2）加工精度为 IT8 级的孔，当孔径小于 20mm 时，可采用钻-铰方案；当孔径大于 20mm 时，可采用钻-扩-铰方案，此方案适用于加工淬火钢以外的各种金属，但孔径应在 20～80mm 之间，此外也可采用最终工序为精镗或拉削的方案。淬火钢可采用磨削加工。

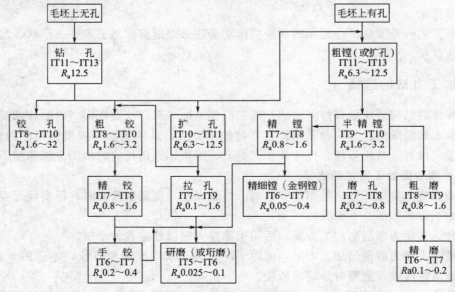

图 2-5　内孔加工方法的选择

（3）加工精度为 IT7 级的孔，当孔径小于 12mm 时，可采用钻-粗铰-精铰方案；当孔径在 12～60mm 范围时，可采用钻-扩-粗铰-精铰方案或钻-扩-拉方案。若毛坯上已铸出或锻出孔，可采用粗镗-半精镗-精镗方案或粗镗-半精镗-磨孔方案。最终工序为铰孔的方案适用于未淬火钢或铸铁，对有色金属铰出的孔表面粗糙度较大，常用精细镗孔替代铰孔；最终工序为拉孔的方案适用于大批大量生产，工件材料为未淬火钢、铸铁和有色金属；最终工序为磨孔的方案适用于加工除硬度低、韧性大的有色金属以外的淬火钢、未淬火钢及铸铁。

（4）加工精度为 IT6 级的孔，最终工序采用手铰、精细镗、研磨或珩磨等均能达到要求，视具体情况选择。韧性较大的有色金属不宜采用珩磨，可采用研磨或精细镗。研磨对大、小直径孔均适用，而珩磨只适用于大直径孔的加工。

2.4.2.3　平面加工方法的选择

平面的主要加工方法有铣削、刨削、车削、磨削和拉削等，精度要求高的平面还需要经研磨或刮削加工。常见平面加工方案如图 2-6 所示，其中，尺寸公差等级是指平行平面之间距离尺寸的公差等级。

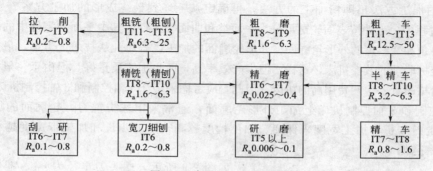

图 2-6　常见平面加工方案

（1）最终工序为刮研的加工方案多用于单件小批量生产中配合表面要求高且非淬硬平面的加工。当批量较大时，可用宽刀细刨代替刮研，宽刀细刨特别适用于加工像导轨面这样的狭长平面，能显著提高生产效率。

（2）磨削适用于直线度及表面粗糙度要求较高的淬硬工件和薄片工件、未淬硬钢件上面积较大的平面的精加工，但不宜加工塑性较大的有色金属。

（3）车削主要用于回转零件端面的加工，以保证端面与回转轴线的垂直度要求。

（4）拉削平面适用于大批量生产中的加工质量要求较高且面积较小的平面。

（5）最终工序为研磨的方案适用于精度高、表面粗糙度要求高的小型零件的精密平面，如量规等精密量具的表面。

2.4.2.4　平面轮廓和曲面轮廓加工方法的选择

（1）平面轮廓常用的加工方法有数控铣、线切割及磨削等。对如图 2-7（a）所示的内平面轮廓，当曲率半径较小时，可采用数控线切割方法加工。若选择铣削的方法，因铣刀直径受最小曲率半径的限制，直径太小，刚性不足，会产生较大的加工误差。对图 2-7（b）所示的外平面轮廓，可采用数控铣削方法加工，常用粗铣-精铣方案，也可采用数控线切割方法加工。对精度及表面粗糙度要求较高的轮廓表面，在数控铣削加工之后，再进行数控磨削加工。数控铣削加工适用于除淬火钢以外的各种金属，数控线切割加工可用于各种金属，数控磨削加工适用于除有色金属以外的各种金属。

（2）立体曲面的加工方法主要是数控铣削，多用球头铣刀，以"行切法"加工，如图 2-8 所示。根据曲面形状、刀具形状以及精度要求等通常采用二轴半联动或三轴半联动。对精度和表面粗糙度要求高的曲面，当用三轴联动的"行切法"加工不能满足要求时，可用模具铣刀，选择四坐标或五坐标联动加工。

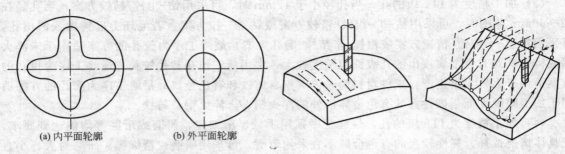

| (a) 内平面轮廓 | (b) 外平面轮廓 |

图 2-7 平面轮廓类零件

图 2-8 立体曲面的行切法加工示意

2.4.3 加工方案设计的原则

确定加工方案时，首先应根据主要表面的精度和表面粗糙度的要求，初步确定为达到这些要求所需要的加工方法，即精加工的方法，再确定从毛坯到最终成形的加工方案。

在加工过程中，工件按表面轮廓可分为平面类和曲面类零件，其中平面类零件中的斜面轮廓又分为有固定斜角和变斜角的外形轮廓面。外形轮廓面的加工，若单纯从技术上考虑，最好的加工方案是采用多坐标联动的数控机床，这样不但生产效率高，而且加工质量好。但由于一般中小企业无力购买这种价格昂贵、生产费用高的机床，因此，应考虑采用 2.5 轴控制和 3 轴控制机床加工。

2.5 轴控制和 3 轴控制机床上加工外形轮廓面，通常采用球头铣刀，轮廓面的加工精度主要通过控制走刀步长和加工宽度来保证。加工精度越高，走刀步长和加工带宽度越小，编程效率和加工效率越低。

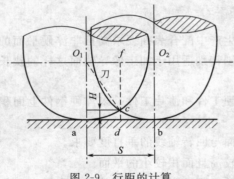

图 2-9 行距的计算

如图 2-9 所示，球头刀半径为 $r_刀$，零件曲面上曲率半径为 $r_刀$，行距为 ρ，加工后曲面表面残留高度为 H。则有：

$$S = 2\sqrt{H(2r_刀 - H)} \cdot \frac{\rho}{r_刀 \pm \rho}$$

式中，当被加工零件的曲面在 ab 段内是凸的时候取"＋"，是凹的时候取"－"。

现在的 CAD/CAM 系统编程时选择行距与步长的方式主要有两种：一种是经过估算，选择等行距等步长，在规定的区域内不论曲面如何变化，刀具总是以相等的行距与步长进行切削。由于曲面的曲率和凹凸是变化的，所以采用这种方法切削后，曲面表面残留高度是不同的。另一种方法是等残留高度法，即在编程时，先确定整张曲面表面上的残留沟纹高度，CAD/CAM 系统根据此高度自动计算出行距与步长。所以采用这种方法切削出的表面，不论曲面如何变化，残留高度总是相等的，但行距与步长却不相等。

2.5 数控加工工艺路线的设计

工艺路线的拟定是制定工艺规程的重要内容之一，其主要内容包括：选择定位基准、选择加工方法、划分加工阶段、安排工序顺序等。设计者应根据从生产实践中总结出来的一些综合性工艺原则，结合本厂的实际生产条件，制定最佳的工艺路线。

2.5.1 工序的划分

在数控机床上加工零件时，工序应比较集中，在一次装夹中应尽可能完成大部分工序。首先应根据零件图样，考虑被加工零件是否可以在一台数控机床上完成整个零件的加工工作。若不能，则应选择哪一部分零件表面需用数控机床加工，即对零件进行工序划分，一般工序划分有以下几种方式。

（1）按零件装夹定位方式划分工序

由于每个零件结构形状不同，各表面的技术要求也有所不同，所以加工时的定位方式各有差异。一般，加工外形时以内形定位，加工内形时以外形定位。因而可根据定位方式的不同来划分工序。如图 2-10 所示的片状凸轮，按定位方式可分为两道工序，第一道工序可在普通机床上进行。以外圆表面和 B 平面定位加工端面 A 和 $\phi 22H7$ 的内孔，然后再加工端面 B 和 $\phi 4H7$ 的工艺孔；第二道工序以已加工过的两个孔和一个端面定位，在数控铣床上铣削凸轮外表面曲线。

（2）按粗、精加工划分工序

根据零件的加工精度、刚度和变形等因素来划分工序时，可按粗、精加工分开的原则来划分工序，即先粗加工，再精加工。此时可用不同的机床或不同的刀具进行加工。通常在一次装夹中，不允许将零件的某一部分表面加工完毕后，再加工零件的其他表面。如图 2-11 所示的零件，应先切除整个零件的大部分余量，再将其表面精车一遍，以保证加工精度和表面粗糙度的要求。

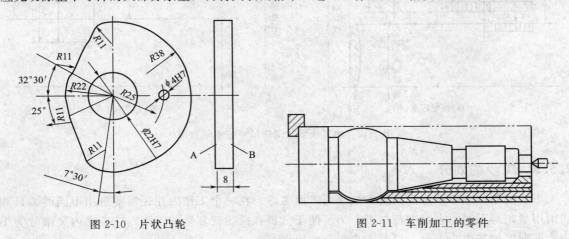

图 2-10　片状凸轮　　　　　　　　图 2-11　车削加工的零件

（3）按所用刀具划分工序

为了减少换刀次数，压缩空程时间，减少不必要的定位误差，可按刀具集中工序的方法加工零件。即在一次装夹中，尽可能用同一把刀具加工出可能加工的所有部位，然后再换另一把刀加工其他部位。在专用数控机床和加工中心中常采用这种方法。

2.5.2　加工余量的确定

在毛坯加工成成品的过程中，毛坯尺寸与成品零件图的设计尺寸之差称为加工总余量（毛坯余量），即为某加工表面上切除的金属层的总厚度。相邻两工序的工序尺寸之差即为后一道工序所切除的金属层厚度，称为工序余量。对于外圆和孔等旋转表面而言，加工余量是从直径上考虑的，故称对称余量（双边余量），实际所切除的金属的厚度是直径上的加工余量的 1/2。平面的加工余量则是单边余量，它等于实际所切除的金属层厚度。

由于工序尺寸有公差，故实际切除的余量大小不等。

图 2-12 表示工序余量与工序尺寸的关系。由图可知，工序余量的基本尺寸（简称基本余量或公称余量）Z 可按下式计算：

对于被包容面　　　　　Z＝上工序基本尺寸－本工序基本尺寸

对于包容面　　　　　　Z＝本工序基本尺寸－上工序基本尺寸

为了便于加工，工序尺寸都按"人体原则"标注极限偏差，即被包容面的工序尺寸取上偏差为零；包容面的工序尺寸取下偏差为零。毛坯尺寸则按双向布置上、下偏差。

加工总余量（Z_Σ）等于各工序余量之和，即

$$Z_{\Sigma} = Z_1 + Z_2 + Z_3 + \cdots$$

确定加工余量的方法有以下三种。

（1）经验估计法根据实践经验来估计和确定加工余量。

（2）查表修正法根据有关手册推荐的加工余量数据，结合本单位实际情况进行适当修正后使用。

（3）分析计算法根据一定的试验资料和计算公式，对影响加工余量的因素进行分析和综合计算来确定加工余量。

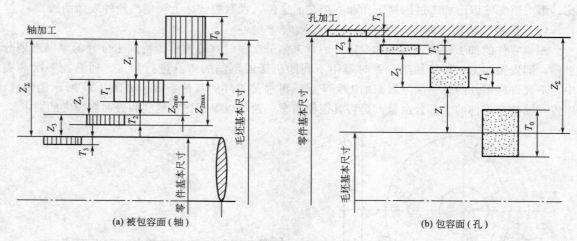

图 2-12　加工余量与工序尺寸公差示意图

2.5.3　工步的划分

工步的划分主要从加工精度和效率两方面考虑。在一个工序内往往需要采用不同的刀具和切削用量，对不同的表面进行加工。为了便于分析和描述较复杂的工序，在工序内又细分为工步。下面以加工中心为例，说明工步划分的原则。

（1）同一表面按粗加工、半精加工、精加工依次完成，或全部加工表面按先粗后精加工分开进行。

（2）对于既有铣面又有镗孔的零件，可先铣面后镗孔，使其有一段时间恢复，可减少由变形引起的对孔的精度的影响。

（3）按刀具划分工步。某些机床工作台回转时间比换刀时间短，可采用按刀具划分工步，以减少换刀次数，提高加工生产率。

2.5.4　加工顺序的安排

在选定加工方法、划分工序后，工艺路线拟定的主要内容就是合理安排这些加工方法和加工工序的顺序。零件的加工工序通常包括切削加工工序、热处理工序和辅助工序（包括表面处理、清洗和检验等），这些工序的顺序直接影响到零件的加工质量、生产效率和加工成本。因此，在设计工艺路线时，应合理安排好切削加工、热处理和辅助工序的顺序，并解决好工序间的衔接问题。

切削加工工序通常按下列原则安排顺序。

（1）基面先行原则　用作精基准的表面应优先加工出来，因为定位基准的表面越精确，装夹误差就越小。例如，加工轴类零件时，总是先加工中心孔，再以中心孔为精基准加工外圆表面和端面。

（2）先粗后精原则　各个表面的加工顺序按照粗加工—半精加工—精加工—光整加工的顺序依次进行，逐步提高表面的加工精度、减小表面粗糙度。

（3）先主后次原则　零件的主要工作表面、装配基面应先加工，从而能及早发现毛坯中主要表面可能出现的缺陷。次要表面可穿插进行，放在主要加工表面加工到一定程度后、最终精加工之前进行。

（4）先面后孔原则　对箱体、支架类零件，平面轮廓尺寸较大，一般先加工平面，再加工孔和其他尺寸，这样安排加工顺序，一方面用加工过的平面定位，稳定可靠；另一方面在加工过的平面上加工孔，比较容易，并能提高孔的加工精度，特别是钻孔，孔的轴线不易偏斜。

2.5.5　数控加工工序与普通工序的衔接

数控工序前后一般都穿插有其他普通工序，如衔接不好就容易产生矛盾。因此，要解决好数控工序与非数控工序之间的衔接问题。最好的办法是建立相互状态要求，例如：是否为后道工序留加工余量，留多少；定位面与孔的精度要求及形位公差等。其目的是达到相互能满足加工需要，且质量目标与技术要求明确，交接验收有依据。关于手续问题，如果是在同一个车间，可由编程人员与主管该零件的工艺员协商确定，在制定工序工艺文件中互审会签，共同负责；如果不是在同一个车间，则应用交接状态表进行规定，共同会签，然后反映在工艺规程中。

2.6　数控加工工序的设计

当数控加工工艺路线确定之后，各道工序的加工内容已基本确定，接下来便可以着手数控加工工序的设计。数控加工工序设计的主要任务是为每一道工序选择夹具、刀具及量具，确定定位夹紧方案、走刀路线与工步顺序、加工余量、切削用量等，为编制加工程序做好充分准备。

2.6.1　加工路线的确定

在数控加工中，刀具（严格说是刀位点）相对于工件的运动轨迹和方向称为加工路线。即刀具从对刀点开始运动起，直至结束加工所经过的路径，包括切削加工路径及刀具引入、返回等非切削空行程。加上路线的确定首先必须保证被加工零件的尺寸精度和表面质量，其次考虑数值计算简单、走刀路线尽量短、效率较高等。

下面举例分析数控机床加工零件时常用的加工路线。

2.6.1.1　轮廓铣削加工路线的分析

对于连续铣削轮廓，特别是加工圆弧时，要注意安排好刀具的切入、切出，要尽量避免交接处重复加工，否则会出现明显的界限痕迹。如图 2-13 所示，用圆弧插补方式铣削外整圆时，要安排刀具从切向进入圆周铣削加工，当整圆加工完毕后，不要在切点处直接退刀，而让刀具多运动一段距离，最好沿切线方向退出，以免取消刀具补偿时，刀具和工件表面相互碰撞，造成工件报废。铣削内圆弧时，也要遵守从切线切入原则，安排切入、切出过渡圆弧，如图 2-14 所示，若刀具从工件坐标原点出发，其加工路线为 1—2—3—4—5。如是可提高内孔表面的加工精度和质量。

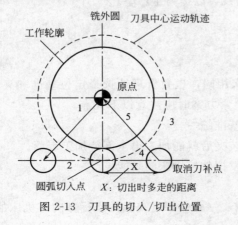

图 2-13　刀具的切入/切出位置

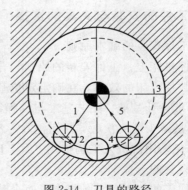

图 2-14　刀具的路径

2.6.1.2 位置精度要求高的孔加工路线的分析

对于位置精度要求较高的孔系加工，特别要注意孔的加工顺序的安排，安排不当时，就有可能沿坐标轴的反向间隙带入，直接影响位置精度。如图 2-15 所示，图 (a) 为零件图，在该零件上加工 6 个尺寸相同的孔，有两种加工路线。当按 (b) 图所示路线加工时，由于 5、6 孔与 1、2、3、4 孔定位方向相反，在 Y 方向反向间隙会使定位误差增加，而影响 5、6 孔与其他孔的位置精度。按图 (c) 所示路线，加工完 4 孔后，往上移动一段距离到 P 点，然后再折回来加工 5、6 孔，这样方向一致，可避免反向间隙的引入，从而提高 5、6 孔与其他孔的位置精度。

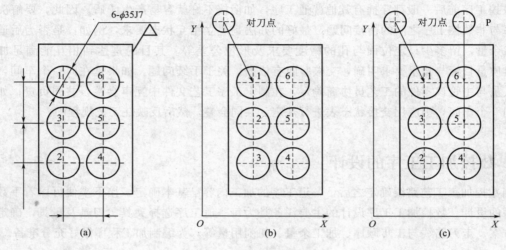

图 2-15 孔系的加工路线

2.6.1.3 铣削曲面的加工路线的分析

铣削曲面时，常用球头刀采用行切法进行加工。对于边界敞开的曲面可采用两种加工路线。如图 2-16 所示为发动机叶片形状，当采用图 2-16(a) 的加工方案时，沿直线加工，刀位位点计算简单，程序少，加工过程符合直纹面的形成，可以准确保证母线的直线度。当采用图 2-16(b) 的加工方案时，符合这类零件数据给出情况，便于加工后检验，叶形的准确度高，但程序较多。由于曲面零件的边界是敞开的，没有其他表面限制，所以曲面边界可以延伸，球头刀应由边界外开始加工。

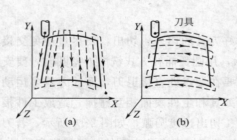

图 2-16 曲面表面的两种进给路线

以上通过几例分析了数控加工中常用的加工路线，实际生产中，加工路线的确定要根据零件的具体结构特点，综合考虑，灵活运用。而确定加工路线的总原则是：在保证零件加工精度和表面质量的条件下，尽量缩短加工路线，以提高生产率。

2.6.2 工件的安装与夹具的选择

（1）工件安装的基本原则

在数控机床上，工件安装的原则与普通机床相同，也要合理地选择定位基准和夹紧方案。为了提高数控机床的效率，在确定定位基准与夹紧方案时应注意以下几点。

① 力求设计基准、工艺基准与编程计算的基准统一。

② 尽量减少装夹次数，尽可能在一次定位装夹后就能加工出全部待加工表面。

③ 避免采用占机人工调整式方案，以充分发挥数控机床的效能。

（2）夹具的选择

数控加工的特点对夹具提出了两个基本要求：一是要保证夹具的坐标方向与机床的坐标方

向相对固定；二是要能协调零件与机床坐标系的尺寸关系。除此之外，还要考虑以下几点。

① 当零件加工批量不大时，应尽量采用组合夹具、可调夹具和其他通用夹具，以缩短准备时间，节省生产费用。

② 在成批生产时才考虑采用专用夹具，并力求结构简单。

③ 夹具要开敞，加工部位开阔，夹具的定位、夹紧机构元件不能影响加工中的进给（如产生碰撞等）。

④ 装卸零件要快速、方便、可靠，以缩短准备时间，批量较大时应考虑采用气动或液压夹具、多工位夹具。

2.6.3　数控刀具的选择

刀具的选择是数控加工工序设计的重要内容之一，它不仅影响机床的加工效率，而且直接影响加工质量。另外，数控机床主轴转速比普通机床高 1～2 倍，且主轴输出功率大，因此，与传统加工方法相比，数控加工对刀具的要求更高，不仅要求精度高、强度大、刚度好、耐用度高，而且要求尺寸稳定、安装调整方便。这就要求采用新型优质材料制造数控加工刀具，并合理选择刀具结构、几何参数。

刀具的选择应考虑工件材质、加工轮廓类型、机床允许的切削用量和刚性、刀具耐用度等因素。一般情况下，应优先选用标准刀具（特别是硬质合金可转位刀具），必要时也可采用各种高生产率的复合刀具及其他一些专用刀具。对于硬度大的难加工工件，可选用整体硬质合金、陶瓷刀具、CBN 刀具等。刀具的类型、规格和精度等级应符合加工要求。数控刀具的选择将在本书第 4 章中详细介绍。

2.6.4　切削用量的选择

2.6.4.1　切削用量

切削用量是指切削时各运动参数的数值，它是调整机床的依据。切削用量包括切削速度 v、进给量 f 和被吃刀量 a_p。这三者常称为切削用量三要素。

（1）切削速度　切削速度是指主运动的线速度，单位为 m/s（或 m/min）。外圆车削的切削速度为

$$v=\pi d_w n_w/1000$$

式中　d_w——工件待加工表面的直径（mm）；

　　　n_w——工件的转速（r/s 或 r/min）。

（2）进给量　进给量是指工件或刀具每回转一周时，刀具与工件之间沿进给方向的相对位移。外圆车削的进给量是指工件每转一周，刀具沿进给方向移动的距离，单位为 mm/r。

铣削时，由于铣刀是多齿刀具，所以规定了每齿的进给量 a_f，单位为 mm/z。每齿进给量 a_f、进给量 f 和进给速度 v_f 之间有如下关系

$$v_f=fn_w \qquad f=a_f z$$

式中　z——铣刀齿数；

　　　n_w——工件的转速（r/s 或 r/min）。

（3）被吃刀量　这是指待加工表面与已加工表面的垂直距离，单位为 mm。对于外圆车削来说，切削深度 a_p 为

$$a_p=(d_w-d_m)/2$$

式中　d_w——工件待加工表面的直径（mm）；

　　　d_m——已加工表面的直径（mm）。

2.6.4.2　切削用量的选择

切削用量是指在切削过程中选取的切削速度、进给量和被吃刀量的具体数值。合理选择切

削用量对于保证质量、提高生产率和降低成本具有重要作用。提高切削速度、加大进给量和被吃刀量，都使得单位时间内金属的切除量增多，因而都有利于生产率的提高。但实际上它们受工件材料、加工要求、刀具耐用度、机床动力、机床和工件的刚性等因素的限制，不可能任意选取。合理选择切削用量，就是在一定条件下选择切削用量三要素的最佳组合。

（1）粗加工时切削用量的选择

粗加工时应尽快地切除多余的金属，同时还要保证规定的刀具耐用度。实践证明，对刀具耐用度影响最大的是切削速度，影响最小的是被吃刀量。

① 被吃刀量的选择。在机床有效功率允许的条件下，应尽可能选取较大的被吃刀量，使大部分余量在一次或少数几次走刀中切除。在切削表层有硬皮的铸、锻件或切削不锈钢等加工硬化较严重的材料时，应尽量使被吃刀量越过硬皮或硬化层深度。

② 进给量的选择。根据机床—夹具—工件—刀具组成的工艺系统的刚性，尽可能选择较大的进给量。

③ 切削速度的选择。根据工件材料和刀具材料确定切削速度，使之在已选定的被吃刀量和进给量的基础上能够达到规定的刀具耐用度。粗加工的切削速度一般选用中等或较低的数值。

（2）精加工时切削用量的选择

精加工时，首先应保证零件的加工精度和表面质量，同时也要考虑刀具耐用度和获得较高的生产率。

① 被吃刀量的选择。精加工通常选用较小的被吃刀量来保证加工精度。

② 进给量的选择。进给量的大小主要依据表面粗糙度的要求选取，表面粗糙度 R_a 的数值较小时，一般选取较小的进给量。

③ 切削速度的选择。精加工切削速度的选择应避开积屑瘤形成的切削速度区域，硬质合金刀具一般多采用较高的切削速度，高速钢刀具则采用较低的切削速度。

在切削过程中，限制切削用量提高的因素是刀具耐用度、加工质量和机床功率等。为此，一方面可在现有的机床上使用耐热性和耐磨性更高的新型刀具材料，改进刀具的结构，提高刀具刃磨质量，正确选择和使用切削液，改善工件材料的切削加工性；另一方面，使用功率大、刚性好的机床，以便采用高速切削和强力切削。

2.7 对刀点与换刀点的确定

对刀点与换刀点的确定是数控加工工艺分析的重要内容之一。"对刀点"是数控加工时刀具相对零件运动的起点，又称"起刀点"，也就是程序运行的起点。对刀点选定后，就确定了机床坐标系和零件坐标系之间的相互位置关系。

刀具在机床上的位置是由"刀位点"的位置来表示的。不同的刀具，其刀位点不同。对于平头立铣刀、端铣刀类刀具，刀位点为它们的底面中心；对于钻头，刀位点为钻尖；对于球头铣刀，其刀位点为球心；对于车刀、镗刀类刀具，其刀位点为其刀尖。对刀点的准确度直接影响加工精度，对刀时，应使"刀位点"与"对刀点"一致。

对刀点选择的原则主要是考虑对刀点在机床上对刀方便，便于观察和检测，编程时便于数学处理和有利于简化编程。对刀点可选在零件或夹具上。为提高零件的加工精度，减少对刀误差，对刀点应尽量选在零件的设计基准或工艺基准上。如以孔定位的零件，应将孔的中心作为对刀点。对车削加工，则通常将对刀点设在工件外端面的中心上。

对数控车床、镗铣床、加工中心等多刀加工数控机床，在加工过程中需要进行换刀，故编程时应考虑不同工序之间的换刀位置（即换刀点）。为避免换刀时刀具与工件及夹具发生干涉，换刀点应设在工件的外部。

2.8 数控加工工艺文件

编写数控加工专用技术文件是数控加工工艺设计的内容之一。这些专用技术文件既是数控加工的依据,又是需要操作者遵守、执行的规则;有的则是加工程序的具体说明,目的是让操作者更加明确程序的内容、安装与定位方式、各个加工部位所选用的刀具及其他问题。

2.8.1 数控加工编程任务书

数控加工编程任务书记载并说明了工艺人员对数控加工工序的技术要求、工序说明和数控加工前应保证的加工余量,是编程员与工艺人员协调工作和编制数控程序的重要依据之一,见表 2-1。

表 2-1 数控加工编程任务书   年   月   日

×××机械厂 工 艺 处	数控编程任务书	产品零件图号	DEK0301	任务书编号	
		零件名称	摇臂壳体	18	
		使用数控设备	BFT130	共 页第 页	
主要工序说明及技术要求: 数控精加工各行孔及铣凹槽,详见本产品工艺过程卡片工序号 70 要求。					
编程收到日期		经手人		批准	
编制		审核		编程		审核		批准	

2.8.2 数控加工工序卡

数控加工工序卡与普通加工工序卡有许多相似之处,是操作人员配合数控加工工序进行数控加工的主要指导性工艺资料。工序卡应按已确定的工艺路线填写。表 2-2 为加工中心上数控镗铣工序卡片。

若在数控机床上只加工零件的一个工步时,也可不填写工序卡。在工序加工内容不十分复杂时,可把零件草图反应在工序卡上,并注明编程原点和对刀点等。

表 2-2 数控加工工序卡片

××机械厂		数控加工工序卡片	产品名称或代号		零件名称		零件图号
			JS		行星架		0102-4
工艺序号	程序编号	夹具名称	夹具编号		使用设备		车间
		镗胎					
工步号	工步内容		加工面	刀具号	刀具规格	主轴转速	进给速度	切削深度	备注
1	N5~N30,ϕ65H7 镗成 ϕ63mm			T13001					
2	N40~N50,ϕ50H7 镗成 ϕ48mm			T13006					
3	N60~N70,ϕ65H7 镗成 ϕ64.8mm			T13002					
4	N80~N90,ϕ65H7 镗好			T13003					
5	N100~N105,倒 ϕ65H7 孔边 1.5×45°角			T13004					
6	N110~N120,ϕ50H7 镗成 ϕ49.8mm			T13007					
7	N130~N140,ϕ50H7 镗好			T13008					
8	N150~N160,倒 ϕ50H7 孔边 1.5×45°角			T13009					
9	N170~N2400,铣 ϕ68+0.3mm 环沟			T13005					
绘制		审核		批准		共 页		第 页	

2.8.3 数控机床调整单

机床调整单是机床操作人员在加工前调整机床的依据。它主要包括机床控制面板开关调整单和数控加工零件安装、零点设定卡片两部分。

机床控制面板开关调整单主要记录机床控制面板上有关"开关"的位置，如进给速度 f、调整旋钮位置和超调（倍率）旋钮位置、刀具半径补偿旋钮位置和刀具补偿拨码开关组数值表、垂直校验开关及冷却方式等内容。机床开关调整卡见表 2-3。

表 2-3　数控镗铣床开关调整卡

零件号			零件名称			工序号			制表	
F-位码调整旋钮										
F1			F2			F3		F4		F5
F6			F7			F8		F9		F10
刀具补偿拨盘										
1	T03	−1.20				6				
2	T54	+0.69				7				
3	T15	+0.29				8				
4	T37	−1.29				9				
5						10				
对称切削开关位置										
X	N001～N080	0					0		N001～N080	0
	N081～N110	1	Y		0	Z	0	B	N081～N110	1
					0					
垂直校验开关位置						0				
工件冷却						1				

2.8.4 数控加工刀具调整单

数控加工刀具调整单主要包括数控刀具卡片（简称刀具卡）和数控刀具明细表（简称刀具表）两部分。数控加工对刀具要求十分严格，一般要在机外对刀仪上预先调整好刀具的直径和长度。

刀具卡主要反映刀具编号、刀具结构、尾柄规格甚至刀片型号材料等。它是组成刀具和调整刀具的依据。刀具卡的格式见表 2-4。刀具是调刀人员调整刀具、机床操作人员进行刀具数据输入的主要依据，其格式见表 2-5。

表 2-4　数控刀具卡片

零件图号		J50102-4	数控刀具卡片			使用设备	
刀具名称		镗刀				TC-30	
刀具编号		T13003	换刀方式	自动	程序编号		
	序号	编号	刀具名称	规格	数量	备注	
刀具组成	1	7013960	拉钉		1		
	2	390.140-5063050	刀柄		1		
	3	391.35-4063110M	镗刀杆		1		
	4	448S-405628-11	镗刀体		1		
	5	2148C-33-1103	精镗单元	$\phi50\sim\phi27$mm	1		
	6	TPMR110304-21SIP	刀片		1		

备注							
编制		审核		批准		共 页	第 页

表 2-5 数控刀具明细表

零件图号	零件名称	材料		数控刀具明细表			程序编号	车间	使用设备
JS0102-4									
刀号	刀位号	刀具名称	刀具图号	刀具			刀补地址	换刀方式	加工部位
				直径/mm		长度/mm	直径 | 长度	自动/手动	
				设定 | 补偿		设定			
T13001		镗刀		φ63		137		自动	
T13002		镗刀		φ64.8		137		自动	
T13003		镗刀		φ65.01		176		自动	
T13004		镗刀		φ65×45°		200		自动	
T13005		环沟铣刀		φ50	φ50	200		自动	
T13006		镗刀		φ48		237		自动	
T13007		镗刀		φ49.8		237		自动	
T13008		镗刀		φ50.01		250		自动	
T13009		镗刀		φ50×45°		300		自动	
编 制		审 核		批 准			年 月 日	共 页	第 页

2.8.5 数控加工程序单

数控加工程序单是编程人员根据工艺分析情况，经过数据计算，按照机床的指令代码编制的。它是记录数控加工工艺过程、工艺参数、位移数据的清单，以及手动数据输入（MDI）和制备纸带、实现数控加工的主要依据。不同的数控机床、不同的数控系统，其程序单的格式不同。

实践证明，仅用加工程序单、工艺规程和控制带进行实际加工还有许多不足之处。由于操作者对程序不清楚，对编程人员的意图不够理解，经常需要编程人员在现场进行口头解释、说明与指导，这种做法在程序中仅使用一二次就不用了的场合还是可以的。但是，若程序是用于长期批量生产的，则编程人员很难都到现场。再者，如编程人员临时不在场或调离，已经熟悉的操作工人不在场或调离，麻烦就更多了，弄不好会造成质量事故或临时停产。因此，对加工程序进行必要的详细说明是很有用的，特别是对于那些需要长时间保存和使用的程序尤其重要。

根据应用实践，一般应对加工程序作出说明的主要内容如下。

（1）所用数控设备型号及控制机型号。

（2）对刀点（程序原点）及允许的对刀误差。

（3）工件相对于机床的坐标方向及位置（用简图表示）。

（4）镜像加工使用的对称轴。

（5）使用刀具的规格、图号及其在程序中对应的刀具号（如 D03 或 L02 等），必须按实际刀具编写。

2.9 高速加工工艺

2.9.1 高速切削工艺的内容

高速切削具有加工效率高、加工精度高、单件加工成本低等优点。合理的高速切削工艺将使得昂贵的高速切削机床充分发挥作用。而切削工艺和刀具的优化，必然依赖于对各种工件材料高速切削机理的基础研究和各种刀具材料的磨损破损机理的研究。基于可持续发展思想的绿色制造技术的重要内容就是干式（准干式）切削加工技术，高速切削工艺为该技术的实现提供了条件。基于误差分离补偿技术的精密加工理论，将使得高速切削工艺在加工效率、加工精度以及表面完整性方面进一步提高，工艺应用范围实现从粗加工至超精加工。另外，在飞机、汽车及模具生产中，高速切削工艺的连续长路程切削加工特点，决定了切削刀具及机床设备应具有更高的可靠性，切削加工过程监控技术急需进一步完善。高速切削工艺研究内容有如下几方面。

（1）高速切削机理研究，尤其是模具钢、钛合金、高温合金等难加工材料高速切削机理研究。

（2）高速切削工艺数据库。

（3）高速切削刀具系列化、标准化研究。

（4）干式（准干式）切削技术研究。

（5）加工误差综合动态补偿技术研究。

（6）高速切削刀具状态监控及工况监测技术。

与常规切削相比，高速切削最根本的区别在于切屑的形成和分离的改变。高速切削时，存在着连续切屑和断续切屑两种类型：高速切削高导热性、低硬度金属或合金（如低碳钢、铝合金等）时易于形成连续切屑；高速切削低导热性、密排六方多晶体结构或高硬度材料（如钛合金、超耐热镍合金、高硬度合金钢）时易于形成断续切屑。

2.9.2 高速切削工艺的实现

高速加工的特点体现在很高的主轴转速、很快的进给速度、很少的切削量、平滑的刀具轨迹和等体积切削上。在高速切削时应考虑以下几方面。

① 等体积切削。做高速加工时，一定要考虑等体积切削因素。

② 光滑的刀具运动。由于进给速度很高，所以一定要避免刀具的突然停止和在拐角处突然转向，刀具启动前的加速和刀具停止前的减速都是至关重要的。在刀轨中，所有的拐角都需要加上圆角，以保证光滑的刀具运动。

③ 刀轨中的内、外拐角都需要加圆角。

④ 多个粗加工刀具和切削深度。加工很深的型腔时，可以使用逐渐加长的一系列刀具。比较短的刀具不容易变形，刚度大，但切削深度有限制，所以应把型腔分成不同的区域，随着切削深度的增加，要使用渐长的刀具。

⑤ 粗加工时，要使用 $5°\sim10°$ 的螺旋进刀方式。半精加工和精加工时，要使用圆弧进刀。

⑥ 精加工时，一般残留高度要小于 0.00005in，内外公差在 0.0005in～0.00005in 之间。这样会增加 NC 程序的长度，但能极大地减少手工研磨的工作量。

⑦ 刀轨的优化。加工多个区域时，会有很多的进刀和退刀，所以优化每个区域的加工顺序是必要的。

⑧ 加工多个型腔时，一定要有合理的顺序，以减少零件的应力和变形。

⑨ 加工薄壁零件时，不论是粗加工，还是精加工，都应该以层优先的顺序进行加工，以减少零件的变形。

由于是高速的切削运动，所以切削方法和刀具路径是加工的关键因素。最终通过加工工艺反映在工件上，并以经济性和质量的形式表现出来。

2.9.2.1 NC 编程与刀具轨迹的生成

NC 编程需要对标准的操作规程加以修改。零件程序要求精确并必须保证切削负荷稳定。多数 NC 软件中的自动程序都不足以优化高速加工，需要由人工编程加以补充。例如，高速精铣需要一个精确的零件程序，为使高速精铣的走刀能在一致的切削负载下完成，要先用单独走刀来消除拐角材料并围绕刀痕切削，编程时将其作为一个标准步骤，能够复制出一个平滑和很好连接的表面，没有任何误差。

2.9.2.2 确定参数

高速加工和传统加工工艺有所不同。例如，采用传统方法进行铣削加工时，由于球头端铣刀刃口线速度低，加工出的工件表面粗糙度较差，而且效率也低，故多用小直径的平头铣刀代替球头铣刀。而在高速加工中，球头铣刀则是铣削的基本刀具。驱动球头铣刀以较小的跨距快速切削，可以获得很高的表面质量，效率也较高。传统加工认为，高效率来自低转速、大切深、缓进给、单行程，而在高速加工中，高转速、中切深、快进给、多行程则更为有利。这种"少而频繁"的切削要求在工件引发的应力较小，这对航空零件极为重要。

2.9.2.3 高速切削工艺对工艺设施的要求

高速切削与常规切削有较大的区别。为了安全、有效地实现高速切削，工艺设施（机床、刀具等）必须满足高速切削工艺的特殊要求。现以高速铣削为例，对机床和刀具作简要分析。

（1）要实现高速铣削，铣床不仅应具有很高的主轴转速，转速在一定的范围内连续可调，而且在该调速范围内还应有足够的扭矩，以满足不同材料高速切削的需要。因主轴转速高，铣床应配置适当的高速轴承，如陶瓷轴承、电磁轴承等。另外，主轴上应配置精密的刀具夹头，以便在高速下可靠地夹持刀具，减少刀具跳动。

（2）高速铣削的刀具与常规铣削刀具有较大的区别，有其特殊的要求，必须专门设计。高速铣削刀具必须高度旋转对称，具有高度的动平衡性，以免在铣削过程中产生跳动，使切削刃上负荷平衡，减少切削力的波动。为了切削过程的平稳，还应采用多切削刃或大螺旋角的刀具。切削刃的几何形状应充分考虑高速铣削切屑形成的不同特点。刀具应有较大的排屑槽以利排屑，特别是切削轻金属如铝合金的刀具，排屑槽磨制时应避免应力集中的产生。因切削速度高、刀具所受热负荷大、易磨损，刀具尤其是切削钢材的刀具应选用高耐磨、高耐热、高硬度、韧性好的材料，还可在刀具表面采取适当的涂层来提高刀具的性能。

对于组合刀具，结构设计应充分考虑切削时的高转速、压板、螺钉、销等必须可靠地紧固，以防在高离心力的作用下产生松动。

高速铣削时应根据被加工的材料的性质、进给、刀具材料等合理地选择切削刃的几何形状，以获得稳定的切削刃口。因高速切削时刀具上的温度高，且常常需加工淬火钢等硬质材料，因此常采用硬度高、耐热性好但较脆的刀具材料，所以刀具的锲口必须厚实，有时甚至采用负前角以提高切削刃口的稳定性。因切削速度高，刀具与工件的摩擦热大，刀具的后角不能太小，以免进一步增加摩擦热。

此外，高速铣削对机床的控制亦有特殊的要求，装夹、走刀路线的选择和优化、进给量等都应根据具体的加工对象进行分析、选择，以提高高速切削的经济性。

第3章 Pro/Engineer Wildfire 3.0 数控
加工的基本概念与操作流程

本章主要介绍使用 Pro/Engineer Wildfire 3.0 进行数控加工自动编程的基本概念及操作流程，并通过实例介绍 Pro/Engineer 数控加工自动编程的一般步骤，使读者能够快速入门。

3.1 Pro/Engineer Wildfire 3.0 NC 加工的基本概念

使用 Pro/Engineer 进行数控加工自动编程时，通常要用到设计模型、毛坯模型和制造模型。

3.1.1 设计模型

设计模型（Reference Model）也称为零件参考模型，是指加工后的模型，通常在 Pro/Engineer 的 CAD 部分完成，包括描述产品的所有的几何特征图素与表面、边线、点等数据，在设计加

图 3-1 设计模型

工程序时都可以作为产生刀具路径的几何参考数据。参照设计模型的几何要素，在设计模型和毛坯模型之间建立一个关联。正因为有了这个关联，当设计模型发生变化时，所有相关的加工操作都将作相应的变化，从而充分体现系统全参数化的优越性，提高工作效率，降低出错概率。图 3-1 给出了一个设计模型的例子。

所有在 Pro/Engineer 中设计的零件、组合件和钣金件等模型都可以用作设计模型。

一般来说，设计模型需要在加工之前创建完成，但需注意的是，加工用零件模型与传统的零件设计有些区别，即对于不影响生成加工程序的零件特征可以不创建，以节省时间。

3.1.2 毛坯模型

毛坯模型（Workpiece）是指加工前的模型，即其几何形状为被加工零件在切削加工前的几何形状。它的使用在 Pro/NC（Pro/Engineer 的数控加工模块）中是可选项，但建议使用毛坯模型，它有如下诸多优点。

（1）生成 NC 工序时可以自动定义加工尺寸。

（2）可以作动态的材料去除模拟和干涉检查（在 Pro/NC-CHECK 中可用）。

（3）通过捕获去除的材料来管理进程中的文档。

通过复制设计模型，并作一定的修改（如修改尺寸、删除或者隐藏特征），可以方便地获得毛坯模型。

同样，所有在 Pro/Engineer 中设计的零件、组合件和钣金件等模型都可以用作毛坯模型。另外，如果毛坯模型几何形状简单，也可在 Pro/NC 中直接创建。图 3-2 是图 3-1 所示设计模型

图 3-2 图 3-1 所示设计
模型的毛坯模型

采用的毛坯模型。

3.1.3　制造模型

完整的制造模型（Manufacturing Model 或 MFG Model）一般由设计模型和毛坯模型组合
而成，如图 3-3 所示（在线框显示时，默认的颜色为：设计模型
为黑色线框，毛坯模型为绿色线框）。在加工目标（即毛坯模型）
上定义加工区域，通过在图形界面中选择适当的选项，定义加工
所需的刀具和参数，即可产生正确的加工刀具轨迹并生成所需的
加工程序。

随着加工制造的进行，用户可以在毛坯上模拟材料的去除过
程。一般来说，在加工过程的最后，毛坯模型的几何形状即与设
计模型相一致了。

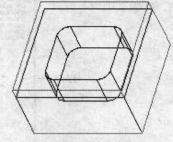

图 3-3　制造模型

一般的操作步骤是先在 Pro/Engineer 的 CAD 部分进行设计模型和毛坯模型的创建，而后
在 Pro/NC 中将两者装配生成制造模型。

如果工艺上需要考虑加工时刀具对加工环境中其他设备的影响，可在制造模型上加入夹具
几何形状及其相关设备的几何形状数据。若在加工过程中不考虑刀具的运动过程与其他设备发
生干涉造成碰撞的情况，也可以省略夹具及其他设备的设计。

3.2　Pro/Engineer Wildfire 3.0 NC 功能模块

3.2.1　Pro/Engineer Wildfire 3.0 NC 功能模块概述

Pro/Engineer 提供了功能强大的加工制造模块——Pro/Manufacturing（简称 Pro/Mfg），
其应用范围很广，其中，Pro/NC 数控加工模块可以使用数控车床、数控铣床、数控线切割、
机工中心等进行加工，如表 3-1 所示。

表 3-1　Pro/NC 功能模块

模　块	功　能	模　块	功　能
Pro/NC-MILL	两轴半铣床加工 三轴铣床及钻孔加工		两轴半至五轴铣床及钻孔加工 两轴至四轴车床及钻孔加工
Pro/NC-TURN	两轴车床及钻孔加工 四轴车床及钻孔加工	Pro/NC-ADVANCED	铣床车床综合加工 两轴及四轴电火花加工
Pro/NC-WEDM	两轴及四轴电火花加工		

3.2.2　Pro/Engineer Wildfire 3.0 NC 加工界面

Pro/NC 3.0 加工界面（如图 3-4 所示）与 Pro/Engineer 的 CAD 部分的用户界面基本一致，不
同的是，Pro/NC 加工界面自始至终保留了旧版的"菜单管理器"，加工过程的设置工作主要由该瀑
布式菜单进入完成（使用该菜单操作时要注意养成"边操作边看信息提示区的提示"的习惯）。

3.3　Pro/Engineer Wildfire 3.0 数控加工操作流程

3.3.1　操作流程框图

Pro/NC 加工操作流程框图如图 3-5 所示。
Pro/NC 的操作流程与实际的加工过程很相似，简述如下。

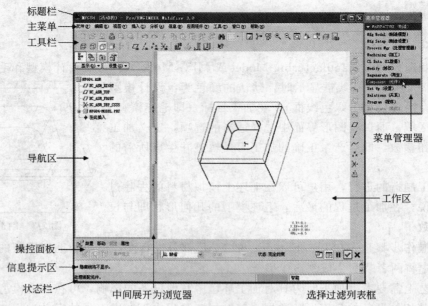

图 3-4 Pro/NC 3.0 加工界面

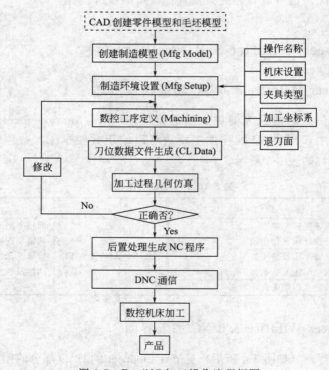

图 3-5 Pro/NC 加工操作流程框图

（1）在 Pro/Engineer 的 CAD 部分建立零件模型和毛坯模型，做好准备工作。

（2）在 Pro/NC 中调入零件模型和毛坯模型，装配生成制造模型。

（3）分析加工目标，确定加工步骤（一般在一次加工中对加工零件的部分表面进行加工）。

（4）根据毛坯形状以及待加工表面及其约束面的形状，选取机床设备和工夹具，即为制造环境参数的设置。

（5）定义具体的加工工序，自动生成刀具轨迹。

（6）编辑修改刀具轨迹，生成刀位数据文件。

（7）对加工过程进行仿真，判断有无错误。若有错误，则返回重新进行工序定义。

（8）根据所使用机床的数控系统，选取对应的后置处理器进行后置处理，自动生成数控加工程序。

（9）通过 DNC 通信，将验证后的 NC 程序传输至机床进行加工，得到最终产品。

需要说明的是，在一次装夹中包括的加工工序较多时，可在第（5）步与第（6）步之间在定义完某一具体工序时进行加工过程的仿真。

3.3.2　制造模型的建立

在 Pro/NC 中建立制造模型可以有两种方式，即装配方式和创建方式。装配方式是指先在 CAD 部分完成设计模型和毛坯模型的建立，而后在 Pro/NC 中调入并装配起来形成制造模型。创建方式是指在加工时临时创建设计模型和毛坯模型来组成制造模型。显然，后者仅适用于简单情况。制造模型在建立过程中所用的菜单如图 3-6 所示。

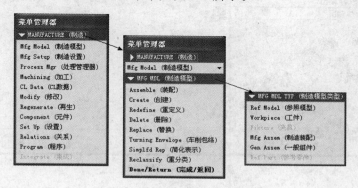

图 3-6　制造模型的建立菜单

3.3.3　加工环境设置

在"菜单管理器"的"制造设置"菜单下，选择"操作"命令，则系统弹出如图 3-7 所示的"操作设置"对话框（首次点选"制造设置"菜单时会自动弹出该对话框），利用该对话框可以进行加工制造前的一些操作设置，包括设置操作名称、机床类型、夹具类型、加工坐标系和退刀平面及其坯件材料等。只有在加工操作环境设置完成后，用户才能进行后续的加工程序设计。

图 3-7　加工环境设置窗口

（1）操作名称　一般来说，一次装夹为一个操作，可以包括加工同一零件不同表面的多个工序。操作名称即对制造过程中的某次装夹加以标识。

（2）机床设置　机床设置窗口如图 3-8 所示。

在 Pro/NC 中，可以使用以下项目对机床进行说明。

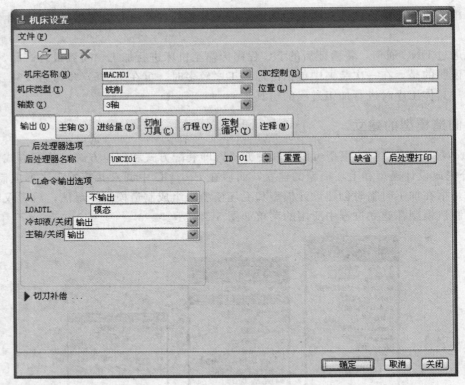

图 3-8　机床设置窗口

● 机床名称：对制造过程中的机床加以标识。默认机床名格式为 MACH01、MACH02，其中的数字由系统自动递增，可以键入任意名称。当在磁盘上保存机床数据时，系统将机床名用作文件名（扩展名为 .gph）。

● 机床类型：可以是铣床、车床、车铣中心或线切割机床。

● 轴数：取决于机床类型——

对于铣床——三轴（默认）、四轴或五轴。

对于车床——一个刀架（默认）或两个刀架。

对于车铣中心——两轴、三轴、四轴或五轴（默认）。

对于线切割机床——两轴（默认）或四轴。

（3）夹具设置　夹具是在加工过程中帮助定位和夹紧毛坯模型的零件或组件。可在零件或组件模式中创建和保存夹具，并在夹具设置时检索到制造模式中。在组件模式中创建夹具是比较方便的，这是因为可以在中间的步骤中，通过参考毛坯模型来按照需要创建夹具。这个过程很简单，因为可以用"使用边"（Use Edge）选项以毛坯模型作参考来构造夹具。

如果具有相应的许可，可以使用通用尺寸的制造夹具库（压板、固定板、卡盘和卡爪等）。

要在制造过程中使用夹具，必须首先为制造模型定义夹具设置。每个夹具设置有一个名称，并包含当该设置激活时在模型中出现的夹具的信息。一次只能激活一个设置。可以在制造模型中使用设置名操作夹具。由于夹具设置包含夹具组件信息，所以必须显式定义每个制造模型的夹具设置。与地址或刀具不同，不能将夹具设置从一个模型检索到另一制造模型中。

夹具设置窗口如图 3-9 所示。

（4）加工坐标系设定　在 Pro/NC 中，坐标系是操作与数控加工轨迹设置中的一个元素，用来定义毛坯模型在机床上的方位，并作为生成刀位数据的原点（0，0，0）。

在 Pro/NC 中使用的坐标系可以属于设计模型、毛坯模型，或属于制造组件的任何其他元件。可以使用在将元件引入到制造模型前所创建的坐标系，也可以在制造模式中创建坐标系，即单击图 3-10 中的菜单选项"Select"，并选择已有坐标系，或单击 ⤬ 按钮创建坐标系。

（5）退刀面设置　退刀面也称为安全抬刀面，用来定义切削后刀具要退到的高度。根据加工需要，可以指定退刀面为平面、圆柱面、球面或定制曲面，退刀面设置窗口如图 3-11 所示。

图 3-9　夹具设置窗口　　　图 3-10　加工坐标系设定菜单　　图 3-11　退刀面设置窗口

定义退刀面后，刀具将沿该面从一条数控加工轨迹的终止点移动到下一条数控加工轨迹的起始点。

一般先在加工环境设置（即操作设置）时指定退刀面，当然，如果需要也可以在定义数控加工工序时修改它。

（6）毛坯材料　选取毛坯材料的名称。

3.3.4　定义数控工序

3.3.4.1　定义加工方法

在 Pro/NC 中可以使用的加工方法有很多，如图 3-12"辅助加工"菜单所示。下面对该菜单中的常用选项进行简要介绍，具体加工方法的使用将通过后面章节的加工实例来介绍。

- 体积块：两轴半按层铣削，主要用于粗加工，也可以用于精加工。
- 局部铣削：用于去除先前工序未加工完全的工件材料。
- 曲面铣削：三至五轴水平或倾斜曲面的铣削，主要用于精加工。
- 表面：用于铣削工件平面。
- 轮廓：主要用于加工垂直或斜面较陡的曲面。
- 腔槽加工：两轴半水平、垂直或倾斜曲面的铣削。腔槽侧壁的铣削方法类似于轮廓铣削，底部铣削类似于体积块铣削中的底部铣削。
- 轨迹：三至五轴铣削，刀具沿指定轨迹移动。
- 孔加工：用于孔的加工，包括钻孔、镗孔、攻丝。
- 螺纹：用于加工零件上的螺纹。
- 刻模：用于雕刻加工。三至五轴铣削，刀具沿凹槽修饰特征移动。
- 陷入：插入下刀式加工，类似钻孔方式进行分层粗加工。

3.3.4.2　工序设置

选择以上介绍的一种加工方法后，单击"完成"选项，系统会弹出如图 3-13 所示的"序列设置"菜单，可以有选择地对某个工序的多个项目进行设置，而其中一些项目是必须设置的，如刀具、加工参数、加工表面区域。

3.3.4.3　定义刀具参数

可以通过如图 3-14 所示的"刀具设定"窗口进行刀具参数的设定，并预览刀具的横截面形状。

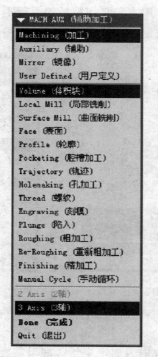

图 3-12　加工方法设定菜单

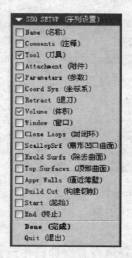

图 3-13　"序列设置"菜单

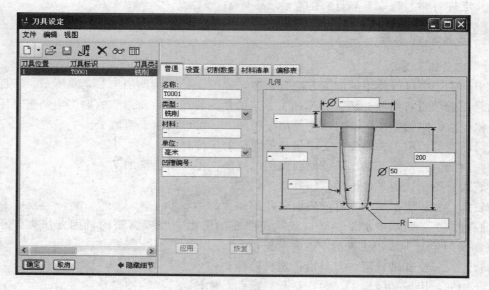

图 3-14　刀具设定窗口

3.3.4.4　定义加工参数

设定加工参数时，可单击"MFG PARAMS（制造参数）"菜单中的"Set"选项，系统将显示加工参数设定窗口，如图 3-15 所示。其中标记为"－1"的选项表示用户必须进行合理的设置；标记为"－"的选项不是必须设定的选项，但要创建合理的刀具轨迹，这些选项通常也要适当地选择并设定。另外，如果选项已有系统预设值，用户可单击输入框的下三角按钮显示所有的预设值，并选取合理的预设值。

图 3-15 中显示的是部分加工参数，如果要显示全部加工参数，可单击该窗口中的【高级】按钮，此时系统将显示所有的加工参数，如图 3-16 所示。由于加工方法不同，其加工参数亦不一，具体内容将在后面各章节中介绍。

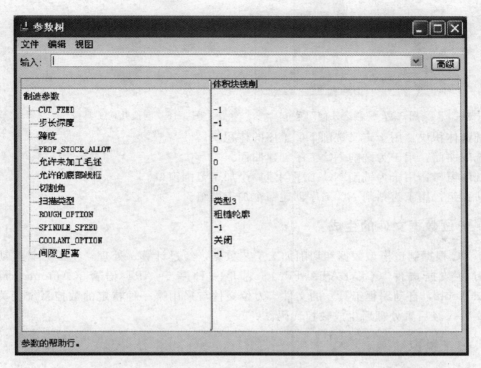

图 3-15 基本加工参数设定窗口

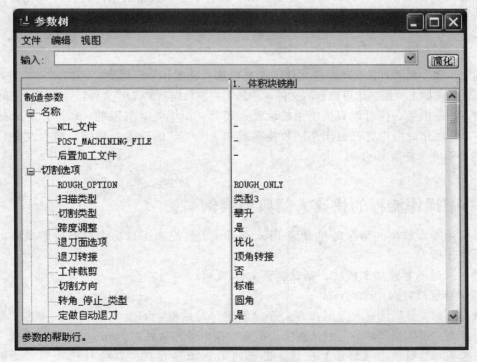

图 3-16 显示全部参数的设定窗口

3.3.4.5 定义加工表面区域

要进行数控加工，必须首先明确需要加工的区域并加以设置。

对某些复杂的加工区域的设定，可以提前进行，操作界面为主菜单"插入"→"制造几何"，如图 3-17 所示，或者单击工作区右侧的工具按钮，如图 3-18 所示。下面对铣削加工中可能用到的设置方法作简要介绍。

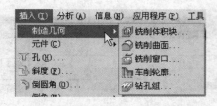

图 3-17 "制造几何"菜单   图 3-18 制造几何工具按钮

- 铣削体积块：用于定义铣削 NC 工序的体积块。
- 铣削曲面：用于为铣削 NC 工序创建曲面。
- 铣削窗口：用于为铣削 NC 工序创建一个加工范围窗口。
- 钻孔组：用于为钻削 NC 工序创建一个加工群组。

3.3.5　刀位数据文件的生成

Pro/NC 根据制造模型数据和切削加工工艺数据，经过计算、处理，生成刀具运动轨迹数据，即刀位数据文件（CL DATA File）。它是一种基于 APT 语言（Automatically Programmed Tools，自动编程工具）的文件。刀位文件与采用哪一种特定的数控系统无关，是一个中性文件，经后置处理后生成数控代码。

3.3.6　加工模拟

Pro/NC 可以显示刀具的走刀路径，也可以对材料去除的加工过程作动态模拟仿真，以校验刀具路径，并对刀具与夹具和制造模型在加工过程中可能发生的干涉进行可视化检测。具体内容及应用将在本书第 5 章中介绍，并通过后面章节中的实例来说明。

3.3.7　后置处理

由前面步骤生成的刀具运动轨迹文件不能被机床控制器识别，因此，还需要对其进行后置处理，将其转换成加工所用机床可识别的文件，即加工控制数据（MCD）文件，才能用于实际加工。

Pro/NC 提供了一些可以直接使用的后置处理器，但毕竟是有限的，Pro/Engineer 所带的 NC POST 模块允许用户自己制作某一数控系统和 Pro/NC 的后置处理接口数据文件。相关知识将在本书第 6 章中详细介绍。

3.4　基于操作流程的快速入门典型实例

本节仅用平面铣削的情况简单介绍 Pro/Engineer 数控加工自动编程的一般步骤，具体包括以下八个步骤。

步骤一：进入零件加工模块，新建制造文件

将工作目录设置为"chapter4"。

单击"新建文件"图标，此时出现一个"新建"对话框，如图 3-19 所示。单击"制造"单选按钮，接受"子类型"部分的默认选项，在文本框中输入文件名为 mfg02，取消选择"使用缺省模板"选项，然后单击【确定】按钮，出现如图 3-20 所示的"新文件选项"对话框，选择"mmns_mfg_nc"作为模板创建加工文件，然后单击【确定】按钮，系统自动进入零件加工模块。

步骤二：创建制造模型

（1）创建制造模型的过程实际上是一个零件装配过程，即按实际要求将设计模型和毛坯模型装配在一起。单击"MANUFACTURE（制造）"菜单中的"Mfg Model（制造模型）"选项，系统显示"MFG MDL（制造模型）"菜单，如图 3-21 所示。

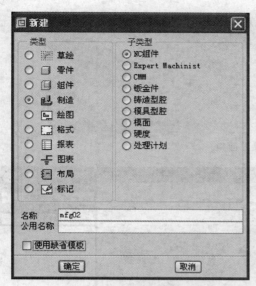

图 3-19　"新建"对话框

图 3-20　"新文件选项"对话框

（2）单击"MFG MDL（制造模型）"菜单中的"Assemble（装配）"选项，进行零件装配，此时系统显示"MFG MDL TYP（制造模型类型）"菜单，如图 3-22 所示。

（3）调出设计模型。单击"MFG MDL TYP（制造模型类型）"菜单中的"Ref Model（参照模型）"，系统显示"打开"对话框，如图 3-23 所示。选取当前目录中的 mfg02-model.prt，然后单击该对话框中的【打开】按钮，系统自动调出该零件模型，同时出现装配操控面板，如图 3-24 所示。单击图 3-24 中箭头所指选项（即缺省约束选项，将待装配件坐标系与装配坐标系对齐），再单击 ✔ 按钮，即可完成设计模型的装配。

（4）调出毛坯模型。单击"MFG MDL（制造模型）"菜单中的"Assemble（装配）"选项，系统显示"MFG MDL TYP（制造模型类型）"菜单，单击"MFG MDL TYP（制造模型类型）"菜单中的"Workpiece（工件）"选项，系统显示"打开"对话框，选取当前目录中的 mfg02-wp.prt，然后单击该对话框中的【打开】按钮，系统自动调出该毛坯模型，同时出现装配操控面板，如图 3-25 所示。单击图 3-24 中箭头所指的"缺省"选项，再单击 ✔ 按钮，即可完成毛坯模型的装配。

图 3-21　制造模型菜单　　图 3-22　制造模型类型菜单　　图 3-23　"打开"对话框

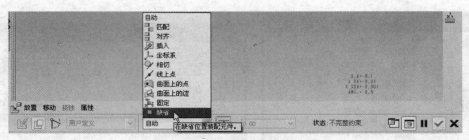

图 3-24　装配操控面板

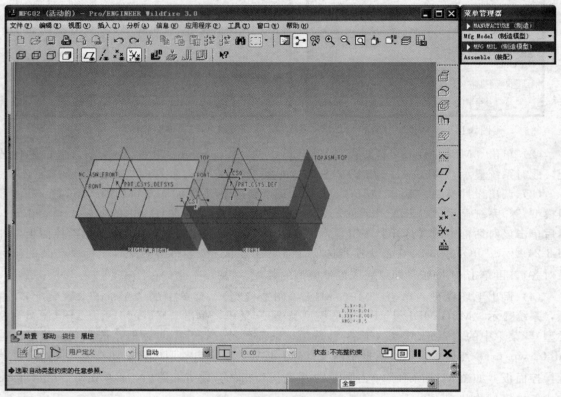

图 3-25　已装配的设计模型和调出的毛坯模型

（5）装配后形成的制造模型如图 3-26 所示。

步骤三：设置制造环境

单击 "MANUFACTURE（制造）" 菜单中的 "Mfg Setup（制造设置）" 选项，系统显示 "操作设置" 对话框，如图 3-27 所示。

（1）操作名称　采用默认值 OP010。

（2）机床设置　单击 按钮，出现 "机床设置" 对话框，如图 3-28 所示，采用默认值，即机床名称为 MACH01、机床类型为铣削、轴数为 3 轴，单击【确定】按钮，即可完成机床的设置。

（3）确定加工坐标系

① 单击 "操作设置" 对话框中 "加工零点" 右侧的 按钮，出现 "MACH CSYS（制造坐标系）" 菜单，如图 3-29 所示。

② 接受 "MACH CSYS（制造坐标系）" 菜单中的 "Select（选取）" 菜单项，点选 CS1 作为加工坐标系。

③ 设定完成后的加工坐标系如图 3-30 所示。

（4）退刀面设置

① 单击 "操作设置" 对话框中 "退刀" 选项下面 "曲面" 右侧的 按钮，出现 "退刀选

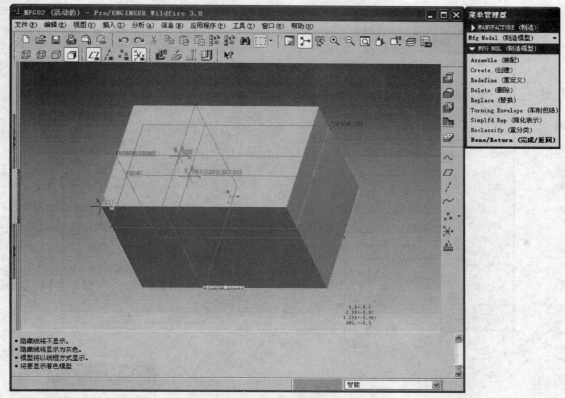

图 3-26　制造模型

图 3-27　"操作设置"窗口

取"对话框，要求设定退刀平面，如图 3-31 所示。

　　② 单击窗口中的"沿 Z 轴"，系统自动将光标移到对话框下方的"输入 Z 深度"处，输入数值 40，然后单击【确定】按钮，生成退刀平面 ADTM1，如图 3-32 所示。

　　③ 单击"操作设置"对话框中的【确定】按钮，完成加工环境的设置。

　　步骤四：定义数控工序

　　单击"MANUFACTURE（制造）"菜单中的"Machining（加工）"选项，系统显示"Machining（加工）"菜单，如图 3-33 所示。点选"MACNINING（加工）"菜单中的"NC Sequence（NC 序列）"选项。

　　（1）定义加工方法　如图 3-34 所示的"MACH AUX（辅助加工）"菜单即显示了系统提供的所有加工方法，因为本例为加工平面，故选择"Face（表面）"选项，其余为默认选项，然后单击"Done（完成）"项确认（也可按鼠标中键）。

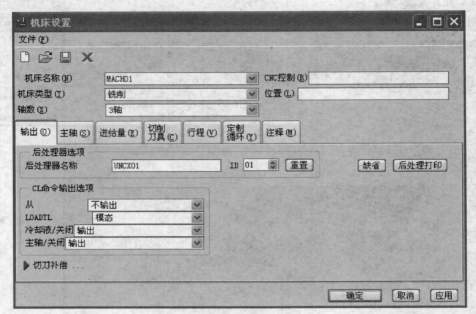

图 3-28　"机床设置"窗口

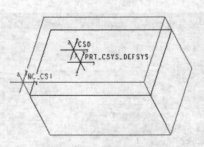

图 3-29　加工坐标系设定菜单　　图 3-30　设定好的工件坐标系　　图 3-31　"退刀选取"对话框

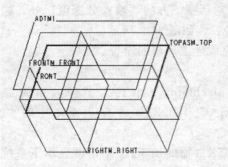

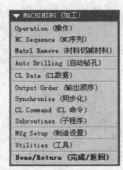

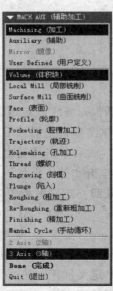

图 3-32　生成的退刀平面　　　　图 3-33　加工菜单　　图 3-34　加工方法选择菜单

（2）序列设置（需定义的加工工艺参数的选择）　本例仅定义加工的必需工艺项目：刀具、参数和曲面（即加工平面），即接受图 3-35 菜单中的所有默认选项，然后单击"Done（完成）"项确认。

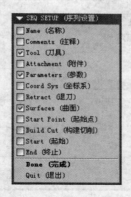

图 3-35　NC 工序需定义参数的选择菜单

（3）定义刀具参数

① 系统弹出"刀具设定"对话框，如图 3-36 所示。利用该窗口可以设定加工所需的刀具。

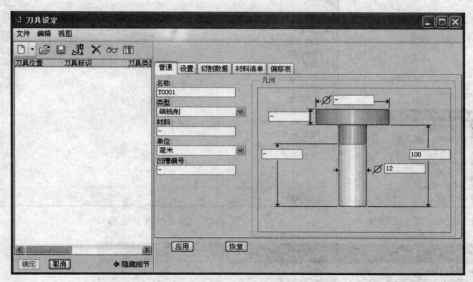

图 3-36　"刀具设定"对话框

② 平面加工可使用端铣刀，输入刀具参数如图 3-37 所示。设定完成后，单击该窗口中的【应用】按钮，在窗口的左边列表中出现"T0001"刀具，在右方可预览刀具的横截面形状。

③ 单击该窗口的【确定】按钮，完成加工刀具的设定。

（4）定义加工工艺参数

① 系统显示"MFG PARAMS（制造参数）"菜单，如图 3-38 所示。单击该菜单中的"Set（设置）"选项，系统弹出加工参数设定窗口，如图 3-39 所示。

② 窗口中标记为"－1"的选项，表示用户必须进行设定。设定后的加工参数如图 3-40 所示。

③ 单击该窗口的"文件"菜单，单击"退出"项，此时便完成了加工工艺参数的设定。

④ 系统返回"MFG PARAMS（制造参数）"菜单，单击"Done（完成）"项确认。

（5）定义加工表面区域

① 系统显示"SURF PICK（曲面拾取）"菜单，如图 3-41 所示。接受"Model（模型）"项，单击"Done（完成）"项确认。

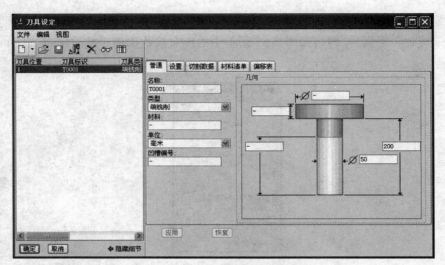

图 3-37　设定的刀具参数

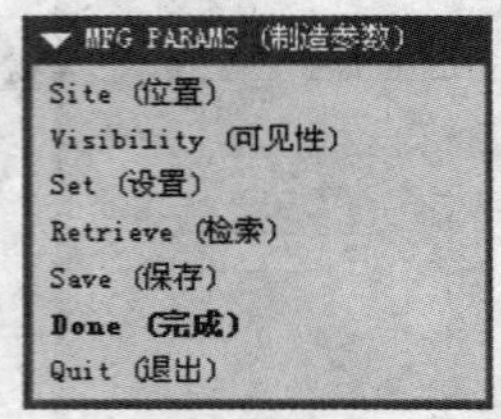

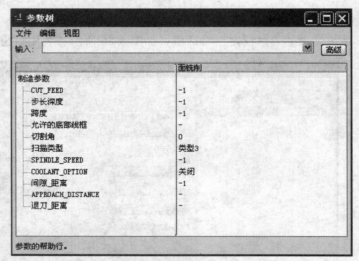

图 3-39　加工参数设定窗口

MFG PARAMS (制造参数)

Site (位置)
Visibility (可见性)
Set (设置)
Retrieve (检索)
Save (保存)
Done (完成)
Quit (退出)

图 3-38　制造参数菜单

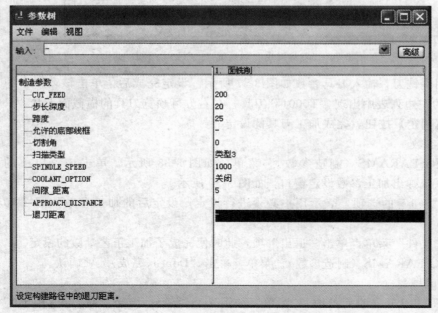

图 3-40　设定好的加工参数

SURF PICK (曲面拾取)

Model (模型)
Workpiece (工件)
Mill Volume (铣削体积块)
Mill Surface (铣削曲面)
Done (完成)
Quit (退出)

图 3-41　曲面拾取菜单

② 系统显示"SELECT SRFS（选取曲面）"菜单，如图 3-42 所示。同时系统提示"选取要加工模型的曲面。"，单击零件模型的上表面（加工后的形状），如图 3-43 所示，并单击图 3-44 所示"选取"对话框的【确定】按钮，"SELECT SRFS（选取曲面）"菜单有如图 3-45 所示的变化，此时可修改或显示已定义的加工表面，如果确认无误，可单击"Done/Return（完成/返回）"项确认。

③ 系统显示"NC SEQUENCE（NC 序列）"菜单，如图 3-46 所示。点选"Done Seq（完成序列）"项，此时便完成了 NC 工序的定义。

步骤五：刀位数据文件的生成（CL Data）

（1）单击"MANUFACTURE（制造）"菜单中的"CL Data（CL 数据）"选项，系统显示"CL DATA（CL 数据）"菜单，如图 3-47 所示。

（2）接受如图 3-47 所示"CL DATA（CL 数据）"菜单中的默认项"输出"和"OUTPUT（输出）"菜单中的默认项，点选图 3-48 所示"SELECT FEAT（选取特征）"菜单中的"Operation（操作）"项，系统弹出"选取菜单"，点击"OP010"。

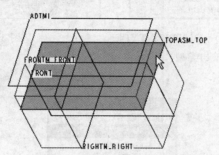

图 3-42　选取曲面菜单　　图 3-43　单击零件模型的上表面　　图 3-44　"选取"对话框

图 3-45　选取曲面菜单　　图 3-46　NC 序列菜单　　图 3-47　CL 数据菜单　　图 3-48　选取特征菜单

（3）系统弹出"PATH（轨迹）"菜单，如图 3-49 所示，点选"File（文件）"项，弹出"OUTPUT TYPE（输出类型）"菜单，如图 3-50 所示，接受默认项，点击"Done（完成）"。

（4）系统显示"保存副本"窗口，如图 3-51 所示，使用默认文件名 op010，单击【确定】按钮，则在当前目录生成刀位数据文件 op010.ncl。单击"PATH"菜单的"Done Output"，接着单击图 3-52 所示"CL DATA"菜单的"Done/Return"项，返回主菜单。

步骤六：加工过程几何仿真

（1）单击"MANUFACTURE（制造）"菜单中的"CL Data（CL 数据）"选项，系统显示"CL DATA（CL 数据）"菜单。

（2）点击打开折叠的"CL DATA（CL 数据）"菜单，单击"CL DATA（CL 数据）"菜单中的"NC Check（NC 检测）"菜单项，系统弹出"NC Check（NC 检测）"菜单和"NC DISP（NC 显示）"菜单，如图 3-53 所示。单击"Run（运行）"菜单项。

（3）系统弹出"打开"窗口，选择 op010.ncl，系统即开始材料去除的动态模拟。如图 3-54 所示。

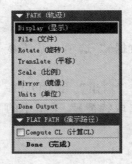

图 3-49　PATH　　图 3-50　OUTPUT TYPE　　　　　　图 3-51　保存副本窗口
（轨迹）菜单　　　　（输出类型）菜单

图 3-52　CL 数据菜单　　图 3-53　NC DISP（NC 显示）菜单　　图 3-54　加工仿真效果

（4）观察材料去除的动态过程，判断是否符合要求，若不符合要求，则返回步骤四重新进行数控工序的定义。

步骤七：后置处理生成 NC 程序

（1）单击"MANUFACTURE（制造）"菜单中的"CL Data（CL 数据）"选项，系统显示"CL DATA（CL 数据）"菜单。

（2）单击"Post Process（后置处理）"菜单项，系统弹出"打开"窗口，要求选择刀位文件，这里选择步骤五中生成的 op010.ncl，然后单击【打开】按钮。

（3）系统显示"PP OPTIONS（后置期处理选项）"菜单，如图 3-55 所示，接受默认选项，单击"Done"项。

（4）系统显示"后置处理列表"菜单，如图 3-56 所示，根据状态栏提示，从列表中选择一种与加工机床所用的数控系统相对应的后置处理器，这里选择 UNCX01.P20，其对应的数控系统为 LEBLOND/MAKINO FANUC 16M。

（5）系统显示信息窗口如图 3-57 所示，若表明已成功生成加工控制（MCD）文件，即数控代码程序，则可单击【关闭】按钮。

（6）在硬盘的当前目录可找到 op010.tap，即为生成的数控代码程序。

（7）单击"CL DATA"菜单的"Done/Return"项，返回主菜单。

48

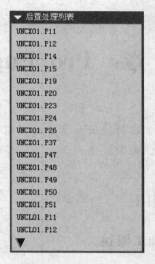

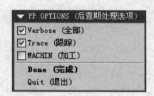

图 3-55　后置期处理选项菜单　　　　图 3-56　后置处理列表菜单

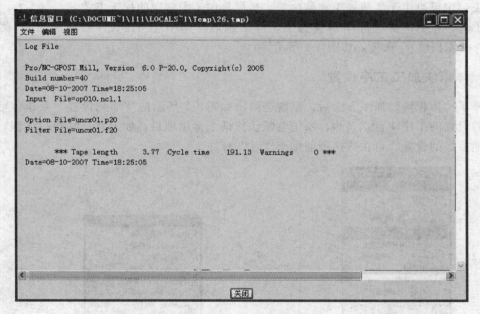

图 3-57　数控代码生成信息窗口

步骤八：DNC 通信，数控机床加工，得到产品

说明：

（1）为便于读者快速入门，不至于对界面产生混淆，以上及后面章节中的实例都采用了一致的步骤，即上面介绍的步骤待读者熟练使用后也可不拘泥于该流程。

（2）在上面介绍的实例中，在"步骤一：进入零件加工模块，新建制造文件。"中，为保证零件文件和制造文件单位的统一，新建文件时作了以下操作：取消选择"使用缺省模板"，→确定，在"新文件选项"对话框中，选择"mmns_mfg_nc"作为模板创建加工文件→确定。另一种方法是，在新建制造文件之前，依据附带光盘所述设置，就可避免作重复操作而直接使用缺省模板了。

第4章 Pro/Engineer 典型加工方法

本章主要介绍常用的铣削加工方法及孔加工，包括：体积块加工、平面加工、轮廓加工、孔加工、凹槽加工、截面线法曲面加工、参数线法曲面加工、清根加工、雕刻加工等。

4.1 体积块加工

4.1.1 体积块加工概述

体积块加工的基本思想是采用等高分层铣削的方式，去除零件型腔的大部分材料，主要用于粗加工，也可以用于半精加工和精加工，是模具加工中常用的加工方式。

在 Pro/NC 中，要进行体积块加工，应该选取"MACH AUX（辅助加工）"菜单中的"Volume（体积块）"选项，如图 4-1 所示。

4.1.2 体积块加工工序设置

选择了"体积块"加工方法后，系统会弹出如图 4-2 所示的"序列设置"菜单，可以勾选要在稍后设置的工序项目，当然，系统会默认地选上常用项目，如刀具、参数、体积，如果要进行其他参数的设置，可在该选项前加上"√"标注。

图 4-1 加工方法的设定   图 4-2 "SEQ SETUP（序列设置）"菜单

- "名称"：加工工序名称设定。
- "注释"：加工工序说明。
- "刀具"：加工工序使用刀具设定。
- "参数"：加工工序参数设定。
- "坐标系"：加工工序加工坐标设定。

- "退刀"：加工工序安全提刀面设定。
- "体积"：创建或选取铣削体积块。
- "窗口"：创建或选取铣削窗口，在窗口定义的平面轮廓内进行体积块的铣削。
- "封闭环"：为"窗口"加工指定要封闭的环。
- "扇形凹口曲面"：如果指定了参数"侧壁扇形高度"或"底部扇区高度"，则此项用于选取从扇形计算中排除的曲面。
- "除去曲面"：指定要从轮廓加工中排除的体积块曲面，从而不在此曲面产生刀具路径。
- "顶部曲面"：显式定义"顶部"曲面，即可在创建刀具路径时被刀具穿透铣削体积块的曲面。此选项仅在体积块的某些顶部曲面与退刀平面不平行时才必须使用。如果使用"铣削窗口"，则此选项不可用。
- "逼近薄壁"：选取体积块或窗口的侧面，让刀具在侧面外下刀。此选项非常有用，可以减少不必要的抬刀，或者使刀具在毛坯材料以外下刀，以优化刀具受力。如图 4-3 所示，设定"逼近薄壁"后刀具从侧面下刀。

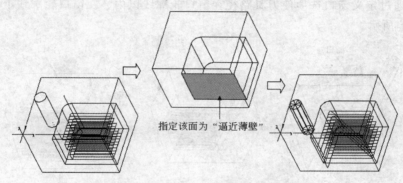

指定该面为"逼近薄壁"

图 4-3　"逼近薄壁"选项

- "构建切削"：建立特殊刀具路径设定。
- "起始"：加工程序刀具路径的起始位置设定。
- "终止"：加工程序刀具路径的结束位置设定。

4.1.3　体积块加工区域的设定方法

要进行体积块加工，首先必须设定需要加工的区域。加工区域的设定有两种方法："体积块"（▣）和"窗口"（▤）。

1. 体积块

体积块是一个封闭的空间体，刀具只能在其中进行加工，如图 4-4 中有残留的材料未加工，这时需要创建一个比实际加工区域大的体积块，如图 4-5 所示。

要创建体积块，单击工作区右侧的 ▣ 按钮。其创建方法有如下两种。

- 选取：使用直接选取的方法来定义加工体积块。单击"编辑"→"收集体积块"。

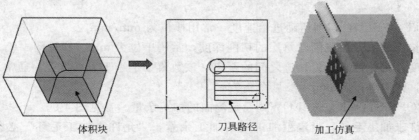

体积块　　　　刀具路径　　　　加工仿真

图 4-4　刀具只能在体积块中进行加工

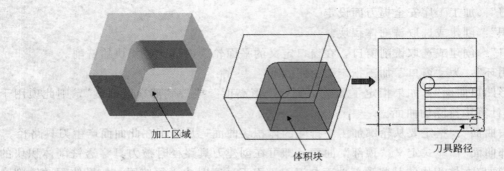

图 4-5   创建比实际加工区域大的体积块

- 建模：使用创建一个实体特征的方式来定义一个体积块。

2. 窗口

铣削窗口是一个平面轮廓，通过窗口定义加工区域后，则在该轮廓线内进行体积块的铣削。当然可以通过定义窗口选项使刀具路径在窗口轮廓线以内、在窗口轮廓线上、在窗口轮廓线外，如图 4-6 所示。

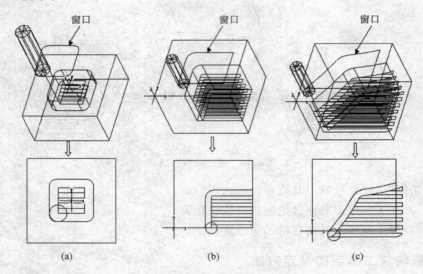

图 4-6   铣削窗口的定义

（a）刀具路径在窗口轮廓线以内；（b）刀具路径在窗口轮廓线上；（c）刀具路径在窗口轮廓线外

4.1.4   体积块加工的常用加工参数

Pro/NC 中的加工参数设定窗口如图 4-7 所示，单击【高级】按钮可以显示高级参数设定窗口，如图 4-8 所示。关于加工参数设定的基本内容，读者可以参考 3.3.4 节中的内容（本章中以下实例亦如是）。

图 4-7 所示为体积块加工的基本加工参数设定窗口，下面对体积块加工中常用加工参数予以说明。

（1）CUT＿FEED：切削运动进给速度，常用单位为 mm/min。

（2）步长深度：分层铣削时每层的切削深度，常用单位为 mm。参见图 4-9。

（3）跨度：相邻两条走刀轨迹之间的距离，该数值一定小于刀具直径，通常取为小于等于刀具半径值，常用单位为 mm。参见图 4-9。

（4）PROF＿STOCK＿ALLOW：设定侧面的加工余量。参见图 4-9。

（5）允许未加工毛坯：设定粗加工时的加工余量，"允许未加工毛坯"必须大于或等于 PROF＿STOCK＿ALLOW。参见图 4-9。

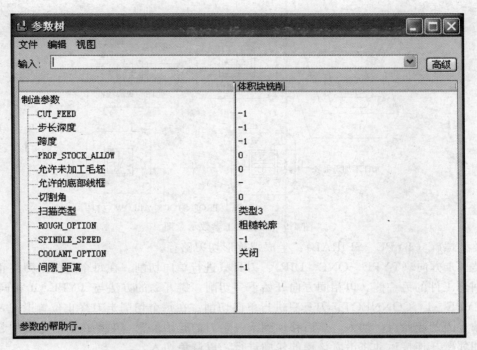

图 4-7　体积块加工的基本加工参数设定窗口

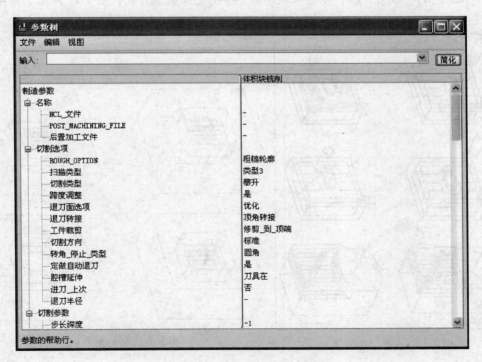

图 4-8　显示全部加工参数的设定窗口

（6）允许的底部线框：设置底部的加工余量。参见图 4-9。

（7）扫描类型：加工过程中的走刀方式，图 4-10 所示为常用的以下六种类型。

• 类型 1（TYPE_1）：刀具连续加工体积块，遇到岛时退刀。

• 类型 2（TYPE_2）：刀具连续加工体积块而不退刀，遇到岛时绕过它。

• 类型 3（TYPE_3）：刀具从岛几何定义的连续区域去除材料，依次加工这些区域并绕岛移动。完成一个区域后可退刀，铣削其余区域。使用该项时将另一参数 ROUGH_OPTION 设置成 ROUGH_&_PROF。

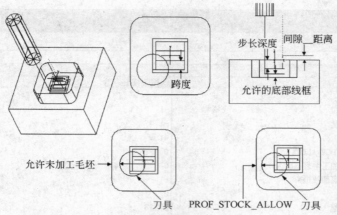

图 4-9　部分加工参数示意图

• 类型螺旋（TYPE_SPIRAL）：生成螺旋形切刀路径。

• 类型 1 方向（TYPE_ONE_DIR）：刀具只进行单向切削。在每个切削走刀终止位置退刀并返回到工件的另一侧，以相同方向开始下一切削。避开岛的方法与 TYPE_1 相同。

• TYPE_1_CONNECT：刀具只进行单向切削。在每个切削走刀终止位置退刀，迅速返回到当前走刀的起始点，切入，然后移动到下一走刀的起始位置。如果在切削走刀的起始位置存在一相邻壁，连接运动将沿着该壁的轮廓进行，以避免切入。

（8）ROUGH_OPTION：控制体积块加工中的轮廓加工方式，图 4-11 所示为常用的如下四种。

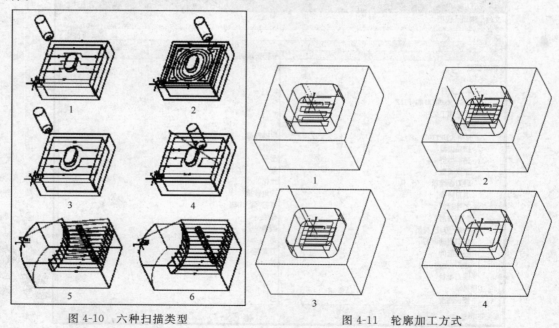

图 4-10　六种扫描类型　　　　　　图 4-11　轮廓加工方式

• ROUGH_ONLY：创建不带轮廓加工的 NC 序列。

• 粗糙轮廓（ROUGH_&_PROF）：创建粗切削铣削体积块的 NC 序列，然后加工体积块曲面轮廓。

• 配置_&_粗糙（PROF_&_ROUGH）：首先加工体积块曲面轮廓，然后粗切削该体积块。

• 配置_只（PROF_ONLY）：仅加工轮廓。

（9）SPINDLE_SPEED：设置加工机床主轴转速。

（10）COOLANT_OPTION：设定冷却方式。

（11）间隙_距离：刀具以快速下刀至要切削材料时变成以进给速度下刀之间的缓冲距离，

参见图 4-9。

4.1.5 操作实例

步骤一：进入零件加工模块，新建制造文件

将工作目录设置为 "chapter4"。

单击 "文件" → "新建" → "制造" → "NC 组件"，输入文件名：mfg01，接受 "使用缺省模板" 选项，单击【确定】按钮。

步骤二：创建制造模型

首先调出设计模型。单击 "Mfg Model（制造模型）" → "Assemble（装配）" → "Ref Model（参照模型）"，选取 mfg01-model.prt 后单击【打开】按钮，系统自动调出零件模型，同时出现装配操控面板，如图 4-12 所示。单击图 4-12 中箭头所指的 "缺省" 选项，再单击 ✔ 按钮，即可完成设计模型的装配。

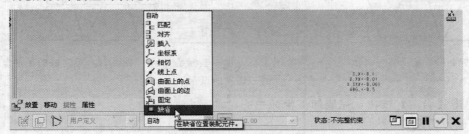

图 4-12 装配操控面板

再调出毛坯模型。单击 "Assemble（装配）" → "Workpiece（工件）"，选取 mfg01-wp.prt，单击【打开】按钮，其余同上，可完成毛坯模型的装配。

最后，装配好的制造模型如图 4-13 所示。

步骤三：设置制造环境

在 "MANUFACTURE（制造）" 菜单中单击 "Mfg Setup（制造设置）" 项，系统显示 "操作设置" 对话框。

（1）操作名称 采用默认值 OP010。

（2）机床设置 点击 ▣ 按钮，出现 "机床设置" 对话框，采用默认值，即机床名称为 MACH01、机床类型为铣床、轴数为三轴，单击【确定】按钮。

（3）确定加工坐标系

① 点击 "操作设置" 对话框中 "加工零点" 右侧的 ▶ 按钮，出现 "MACH CSYS（制造坐标系）" 菜单和 "选取" 对话框，如图 4-14 所示。

② 单击工作区右侧的 ✱ 按钮，系统显示 "坐标系" 对话框，如图 4-15 所示。

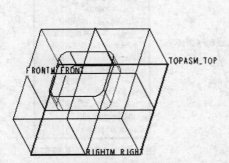

图 4-13 装配好的制造模型

图 4-14 加工坐标系设定菜单

图 4-15 加工坐标系设定窗口

③ 单击基准面 NC＿ASM＿RIGHT，再按住〈Ctrl〉键依次点选基准面 NC＿ASM＿FRONT 和毛坯模型的上表面，此时系统显示 X、Y 和 Z 轴，如图 4-16 所示。若三轴次序有误或方向不对，可点选"坐标系"对话框中的"定向"选项卡，如图 4-17 所示，点击"投影"选项右侧的【反向】按钮，使 Y 轴正方向指向后方。Z 轴正方向由右手规则确定为向上。

④ 设定完成后的加工坐标系如图 4-18 所示。如果不符合要求，可返回步骤③重新定义。

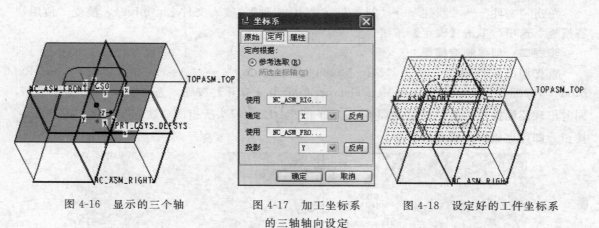

图 4-16　显示的三个轴　　　图 4-17　加工坐标系　　图 4-18　设定好的工件坐标系
的三轴轴向设定

⑤ 单击【确定】按钮，完成加工坐标系的设置。

（4）退刀面设置

① 点击"操作设置"对话框中"退刀"选项下"曲面"右侧的按钮，出现"退刀选取"对话框，要求设定退刀平面，如图 4-19 所示。

② 单击窗口中的"沿 Z 轴"，系统自动将光标移到对话框下方的"输入 Z 深度"处，输入数值 50，然后单击【确定】按钮，生成退刀平面 ADTM1，如图 4-20 所示。

③ 点击"操作设置"对话框中的【确定】按钮，完成加工环境的设置。

步骤四：定义数控工序

系统显示 "MACH AUX（辅助加工）" 菜单［若未弹出，可在 "MANUFACTURE（制造）" 菜单中单击 "Machining（加工）" → "NC Sequence（NC 序列）"］。

（1）定义加工方法　单击"Volume（体积块）" → "Done（完成）"。

（2）工序设置　本例仅定义加工的必需工艺参数：刀具、参数和 Volume 体积块，即接受图 4-21 菜单中的所有默认选项，然后单击"Done（完成）"项确认。

 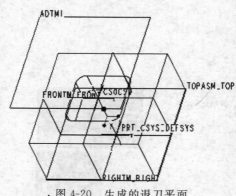 

图 4-19　退刀面设定对话框　　图 4-20　生成的退刀平面　　图 4-21　NC 工序需定义
参数的选择菜单

（3）定义刀具参数

① 系统弹出"刀具设定"对话框，利用该窗口可以设定加工所需刀具。

② 使用端铣刀，输入刀具参数如图 4-22 所示。设定完成后，单击该窗口中的【应用】按钮，在窗口的左边列表中出现"T01"项。

③ 单击【确定】按钮，完成加工刀具的设定。

（4）定义加工工艺参数

① 系统显示"MFG PARAMS（制造参数）"菜单，如图 4-23 所示。单击该菜单中的"Set（设置）"选项，系统弹出加工参数设定窗口，如图 4-24 所示。

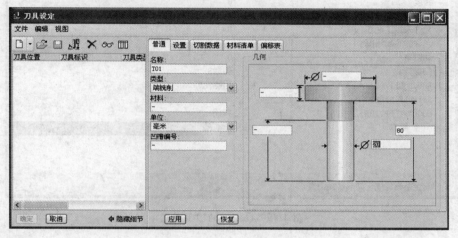

图 4-22　设定的刀具参数

图 4-23　制造参数菜单

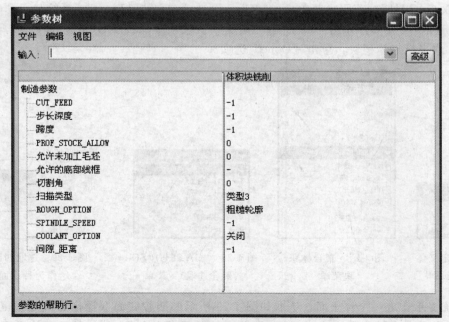

图 4-24　加工参数设定窗口

② 窗口中标记为 "－1" 的选项，表示用户必须进行设定。设定后的加工参数如图 4-25 所示。

制造参数	体积块铣削
CUT_FEED	20
步长深度	10
跨度	6
PROF_STOCK_ALLOW	0
允许未加工毛坯	0
允许的底部线框	-
切割角	0
扫描类型	类型3
ROUGH_OPTION	粗糙轮廓
SPINDLE_SPEED	800
COOLANT_OPTION	关闭
间隙_距离	5

工件安全距离优先于刀具回缩距离。

图 4-25　设定好的加工参数

③ 单击 "文件" → "退出"，完成加工工艺参数的设定。

④ 系统返回 "MFG PARAMS（制造参数）" 菜单，单击 "Done（完成）" 项确认。

（5）定义加工表面区域

① 系统显示如图 4-26 所示的 "选取" 对话框，提示选取定义好的铣削体积块。在此单击工作区右侧的 按钮定义加工体积块，系统自动进入建模界面。

② 使用直接选取的方法定义加工体积块。单击主菜单 "编辑" → "收集体积块"，系统显示 "聚合体积块" 菜单，如图 4-27 所示。

③ 选取 GATHER STEPS 菜单中的 "Close" 选项，单击 "Done"。系统显示 "GATEHR SEL（聚合选取）" 菜单，如图 4-28 所示。接受默认选项 "Surf & Bnd"，即以种子面和边界面结合的方式来指定体积块，单击 "Done" 选项。

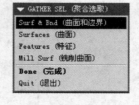
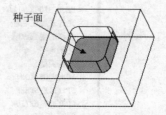

图 4-26　定义体积块菜单　　图 4-27　聚合体积块菜单　　图 4-28　"GATEHR SEL（聚合选取）" 菜单　　图 4-29　选取凹腔底面作为种子面

④ 系统提示选取一个种子面，选取如图 4-29 所示的凹腔底面（操作方法是：鼠标移动至凹腔部位，先点击右键，再点击左键）。接着系统显示菜单如图 4-30 所示，并提示选取边界

面，则选取零件上表面作为边界面（操作方法是：鼠标移动至上表面凹腔部位以外区域，先点击右键，再点击左键），如图 4-31 所示。然后单击"Done Refs"→"Done/Return"。

⑤ 系统显示如图 4-32 所示的"封闭环"菜单，要求选取一个平面封闭体积块，选取"All Loops"选项，如图 4-33 所示，单击"Done"。"封闭环"菜单改变为如图 4-34 所示，同时系统提示"选取或创建一平面，盖住闭合的体积块。"。选取零件上表面，单击"Done"→"Done/Return"。

⑥ 系统显示如图 4-35 所示的菜单，可显示定义好的体积块，如图 4-36 所示，若正确，则单击"Done"选项。

⑦ 完成体积块的创建后，单击 ☑ 按钮退出建模界面。

（6）显示走刀轨迹 单击"Play Path（演示轨迹）"→"Screen Play（屏幕演示）"，显示"播放路径"对话框，如图 4-37 所示，单击其上的 ▶ 按钮，即可生成走刀轨迹，如图 4-38 所示。

（7）加工过程动态仿真 单击"Play Path（演示轨迹）"→"NC Check（NC 检测）"→"Run（运行）"，结果如图 4-39 所示。

（8）点选"Done Seq（完成序列）"项，此时便完成了 NC 工序的定义。

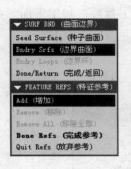
图 4-30 曲面边界菜单

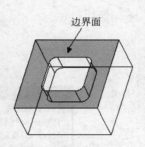
图 4-31 选取零件上表面作为边界面

图 4-32 封闭环菜单

图 4-33 选取 All Loops

图 4-34 选取平面以封闭型腔

图 4-35 聚合体积块菜单

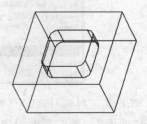
图 4-36 定义好的体积块

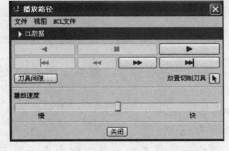
图 4-37 "播放路径"对话框

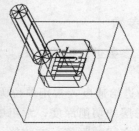
图 4-38 走刀轨迹

图 4-39 加工过程动态仿真

步骤五：修改数控工序

在"制造"菜单中单击"加工"→"NC 序列"→"1：体积块铣削，Operation：OP010"，系统显示"NC 序列"菜单，单击"序列设置"，系统显示"序列设置"菜单，接着勾选需要修改的项目，单击"完成"选项，余下步骤与"定义数控工序"步骤中的内容相同。

4.2 平面加工

4.2.1 平面加工概述

平面加工主要针对大面积的平面或平面度要求高的平面，通常以盘铣刀或大直径端铣刀配以适当的加工参数进行平面的加工。

在 Pro/NC 中，要进行平面加工，应该选取"MACH AUX（辅助加工）"菜单中的"Face（表面）"选项，如图 4-40 所示。

4.2.2 平面加工工序设置

选择了"表面"加工方法后，系统会弹出如图 4-41 所示的"序列设置"菜单，可以勾选要在稍后设置的工序项目，当然系统会默认地选上常用项目如刀具、加工参数、加工平面，如果要进行其他参数的设置，可在该选项前加上"√"标注。

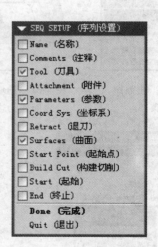

图 4-40 "MACH AUX（辅助加工）"菜单　　图 4-41 "SEQ SETUP（序列设置）"菜单

- "曲面"：加工平面设定，应选取平行于退刀面的一个平面或者多个共面表面。
- "起始点"：允许从选取表面的指定拐角开始加工。

其他参数可查阅 4.1.2 节的内容。

4.2.3 平面加工的常用加工参数

下面对平面加工中常用的加工参数进行说明。图 4-42 显示了基本的加工参数，图 4-43 显示了全部的加工参数。

（1）CUT _ FEED：切削运动进给速度，常用单位为 mm/min。

（2）步长深度：分层铣削时每层的切削深度，常用单位为 mm。

（3）跨度：相邻两条走刀轨迹之间的距离，该数值一定小于刀具直径，通常取为小于等于刀具半径值，常用单位为 mm。

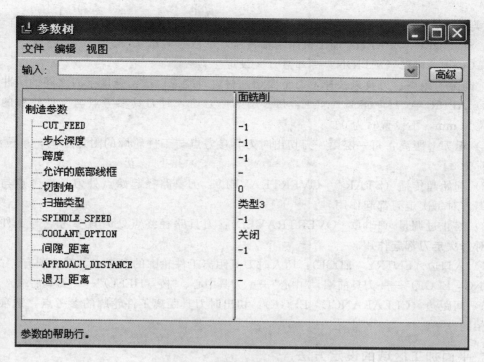

图 4-42　基本加工参数设定窗口

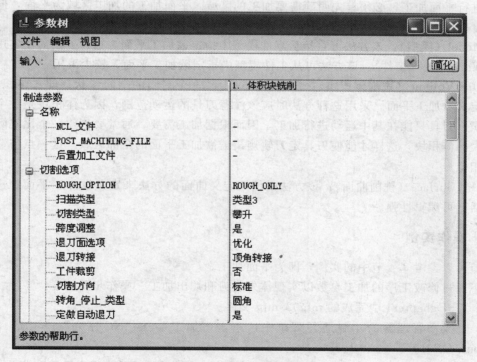

图 4-43　显示全部加工参数的设定窗口

（4）允许的底部线框：设置底部的加工余量，单位为 mm。

（5）切割角：刀具切削运动方向与 X 轴的夹角。

（6）扫描类型：加工过程中的走刀方式选择，共有四种方式供选择。

- "类型 1（Type_1）"：刀具连续走刀，遇到岛屿或凸起特征时自动抬刀。
- "类型 3（Type_3）"：刀具连续走刀，遇到岛屿或凸起特征时，分区进行加工。
- "类型螺旋（Type_SPIRAL）"：螺旋走刀。

• "类型 1 方向（Type_ONE_DIR）"：单向切削加工，遇到岛屿或凸起特征时自动抬刀。

（7）SPINDLE_SPEED：加工机床主轴转速，单位为 r/min。

（8）COOLANT_OPTION：冷却液开关设定。

（9）间隙_距离：刀具以快速下刀至要切削材料时变成以进给速度下刀之间的缓冲距离。

（10）APPROACH_DISTANCE：每一层第一刀切入时刀具参考点与工件轮廓的附加距离，单位为 mm，不设置时为 0。

（11）退刀_距离：每一层第一刀切出时刀具参考点与工件轮廓的附加距离，单位为 mm，不设置时为 0。

（12）起始超传播（START_OVERTRAVEL）：刀具路径起始点处刀具参考点与工件轮廓的距离，对每次走刀都起作用。

（13）终止过调量（END_OVERTRAVEL）：刀具路径终点处刀具参考点与工件轮廓的距离，对每次走刀都起作用。

（14）入口边（ENTRY_EDGE）：切入时刀具距离工件轮廓的参考点，其选项有："引导边（LEADING_EDGE）"——刀具前端、"中心"——刀具中心、"棱（HEEL）"——刀具后端。

（15）间距边（CLEARANCE_EDGE）：切出时刀具距离工件轮廓的参考点，选项与"入口边"相同。

4.2.4　平面加工区域的设定方法

要进行平面加工，必须首先明确需要加工的区域。平面加工的加工区域为平面，但在具体指定时可以用以下四种方法中的一种，如图 4-44 的菜单所示。

• Model（模型）：该方法可直接从零件模型中指定欲加工平面，这种方法简便实用。

• Workpiece（工件）：该方法可从工件模型中指定欲加工平面，较少采用。

• Mill Volume（铣削体积块）：该方法通过定义一个封闭的空间形状（即"体积块"）的方式来定义欲加工平面。采用这种方法时应该注意刀具的运动范围，因为体积块是一个封闭的空间体积，刀具只能在其中运动进行加工，因而根据加工需要，通常要创建一个比实际加工平面区域大的体积块，这样才能使刀具走刀轨迹覆盖欲加工平面的全部区域。这一点与"体积块加工"相似。

• Mill Surface（铣削曲面）：该方法是使用定义曲面的方法来定义欲加工平面。这种方法设定灵活、可编辑性强。

4.2.5　操作实例

本节可以参考 3.4 节中的实例，即为平面加工。

以下通过修改工序的加工参数以实现体外进刀和切出加工。操作步骤如下。

（1）打开 chapter4 中完成的 mfg02.mfg 文件。

（2）在菜单管理器的"制造"菜单中，单击"加工"→"NC 序列"→"1：面铣削，Operation：OP010"。

（3）系统显示"NC 序列"菜单，单击"序列设置"，系统显示"序列设置"菜单。

（4）在"序列设置"菜单中勾选需要修改的"参数"选项，如图 4-45 所示，并单击"完成"选项。

（5）系统显示"MFG PARAMS（制造参数）"菜单，单击"Set（设置）"项，系统弹出加工参数设定窗口。

（6）设定后的加工参数如图 4-46 所示，即将"APPROACH_DISTANCE"和"退刀距离"均设置为 20。单击"文件"→"退出"项，完成加工工艺参数的修改。单击"制造参数"菜单中的"完成"项。

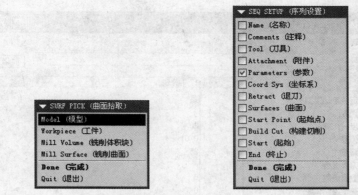

图 4-44　平面加工区域的设定方法　　　图 4-45　"序列设置"菜单

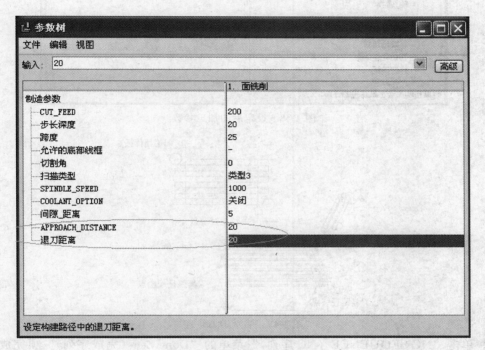

图 4-46　设定后的加工参数

（7）单击"Play Path（演示轨迹）"→"Screen Play（屏幕演示）"，显示"播放路径"对话框，见图 4-37，单击其上的　▶　按钮，可生成走刀轨迹，如图 4-47 所示。

（8）仿照第（3）～（6）步将参数"起始超传播"和"终止过调量"设置为 20，如图 4-48 所示，并演示走刀轨迹，如图 4-49 所示。

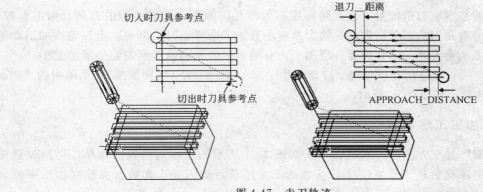

图 4-47　走刀轨迹

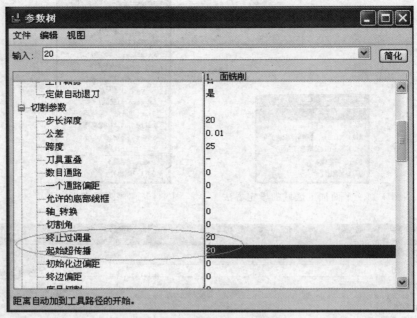

图 4-48　设定后的加工参数

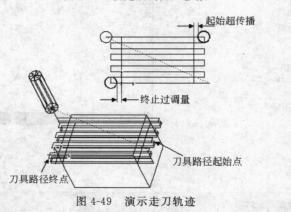

图 4-49　演示走刀轨迹

（9）单击"NC SEQUENCE（NC 序列）"菜单的"Done Seq（完成序列）"项完成 NC 工序的修改。

4.3　轮廓加工

4.3.1　轮廓加工概述

轮廓加工的基本思想是针对垂直及倾斜度不大的几何曲面，选取适当的刀具及加工参数，采用等高方式沿着几何曲面分层铣削。轮廓高度小且加工余量小时，可一次走刀完成加工，轮廓高度大且加工余量大时，通常需要分层加工，有倾斜度的轮廓通常也需要分层加工。

在 Pro/NC 中，要进行轮廓加工，应该选取"MACH AUX（辅助加工）"菜单中的"Profile（轮廓）"选项，如图 4-50 所示。

4.3.2　轮廓加工工序设置

选定"轮廓"加工方法后，系统会弹出如图 4-51 所示的"序列设置"菜单，可以勾选要在稍后设置的工序项目，当然系统会默认地选上常用项目如刀具、参数、曲面（加工平面），如果要进行其他参数的设置，可在该选项前加上"√"标注。

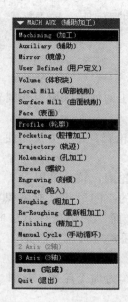

图 4-50　加工方法的设定

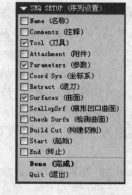

图 4-51　"SEQ SETUP（序列设置）"菜单

- 扇形凹口曲面：如果指定了"扇形高度"，则此项用于选取从扇形计算中排除的曲面。
- 检测曲面：避免凿切曲面设定。

其他参数可查阅 4.1.2 节的内容。

4.3.3　轮廓加工的常用加工参数

图 4-52 所示为轮廓加工的基本加工参数设定窗口，下面对轮廓加工中常用的加工参数进行说明。

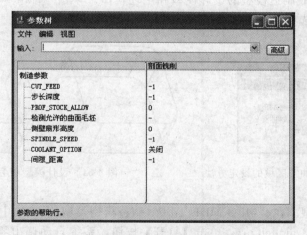

图 4-52　轮廓加工基本加工参数设定窗口

- CUT_FEED：切削运动进给速度。
- 步长深度：分层铣削时每层的切削深度。
- PROF_STOCK_ALLOW：粗加工时的加工余量。
- 侧壁扇形高度：飞边高度，通过设定该值可控制机床的插补精度。
- SPINDLE_SPEED：加工机床主轴转速。
- COOLANT_OPTION：冷却液开关设定。
- 间隙_距离：刀具以快速下刀至要切削材料时变成以进给速度下刀之间的缓冲距离。
- 数量_配置_通过（NUM_PROF_PASSES）：加工余量较大时，轮廓铣削的层数，默认值为 1，可根据加工余量合理设定。

● 配置 _ 增量（PROF _ INCREMENT）：设置轮廓铣削的层间距，与"数量 _ 配置 _ 通过"同时使用。

4.3.4 轮廓加工区域的设定方法

要进行轮廓加工，必须首先明确需要加工的区域。轮廓加工的加工区域为外围轮廓，但在具体指定时可以采用以下四种方法中的一种，如图 4-53 所示。

● Model（模型）：该方法可直接从零件模型中指定欲加工轮廓。这种方法简便，但可编辑性差。

● Workpiece（工件）：该方法可从工件模型中指定欲加工轮廓，较少采用。

● Mill Volume（铣削体积块）：该方法通过定义一个封闭的空间形状（或体积）的方式来定义欲加工轮廓，即先设定 Volume，再从中去除上、下两个面。采用这种方法时应该注意 Volume 的高度，因为 Volume 的高度也是加工轮廓的高度，通常应选取零件的上、下表面作为终止面。

● Mill Surface（铣削曲面）：该方法可选择任意一个曲面作为加工轮廓。这种方法设定灵活、可编辑性强。

4.3.5 操作实例

步骤一：进入零件加工模块，新建制造文件

将工作目录设置为"chapter4"。

单击"文件"→"新建"→"制造"→"NC 组件"，输入文件名为 mfg03，接受"使用缺省模板"选项，单击【确定】按钮。

步骤二：创建制造模型

图 4-54 所示为构成制造模型的设计模型和毛坯模型。单击"Mfg Model（制造模型）"→"Assemble（装配）"选项。

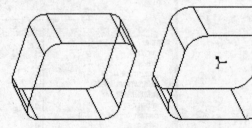

图 4-53 轮廓加工区域的设定方法　　　　图 4-54 设计模型和毛坯模型

首先调出设计模型。在"MFG MDL TYP（制造模型类型）"菜单中单击"Ref Model（参照模型）"，选取 mfg03-model.prt，单击【打开】按钮，系统自动调出零件模型，同时出现装配操控面板，如图 4-55 所示。点击如图 4-55 中箭头所指的"缺省"选项，再单击 ✔ 按钮，即可完成设计模型的装配。

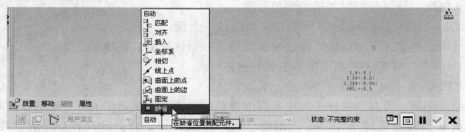

图 4-55 装配操控面板

再调出毛坯模型。单击"Assemble（装配）"→"Workpiece（工件）"，选取 mfg03-wp.prt，单击【打开】按钮，其余操作同上，可完成毛坯模型的装配。

最后，装配好的制造模型如图 4-56 所示。

步骤三：设置制造环境

在"MANUFACTURE（制造）"菜单中单击"Mfg Setup（制造设置）"选项，系统显示"操作设置"对话框，如图 4-57 所示。

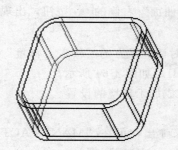

图 4-56　制造模型

图 4-57　操作设置对话框

（1）操作名称　采用默认值 OP010。

（2）机床设置　点击按钮，出现"机床设置"对话框，采用默认值，即机床名称为 MACH01、机床类型为铣床、轴数为三轴，单击【确定】按钮。

（3）确定加工坐标系

① 点击"操作设置"对话框中"加工零点"右侧的按钮，出现"MACH CSYS（制造坐标系）"菜单和"选取"对话框，如图 4-58 所示。

② 单击工作区右侧的按钮，系统显示"坐标系"对话框，如图 4-59 所示。

③ 单击基准面 NC_ASM_RIGHT，再按住〈Ctrl〉键依次点选基准面 NC_ASM_FRONT 和毛坯模型的上表面，此时系统显示 X、Y 和 Z 轴，如图 4-60 所示，若三轴次序有误或方向不对，可点选"坐标系"对话框的"定向"选项卡，如图 4-61 所示，点击"投影"选项右侧的【反向】按钮，使 Y 轴正方向指向后方。Z 轴正方向由右手规则确定为向上。

④ 设定完成后的加工坐标系如图 4-62 所示。如果不符合要求，可返回第③步重新定义。

⑤ 单击【确定】按钮，完成加工坐标系的设置。

图 4-58　加工坐标系设定菜单

图 4-59　加工坐标系设定窗口

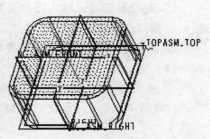

图 4-60　显示的三个轴

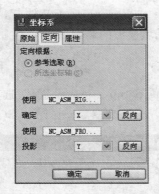

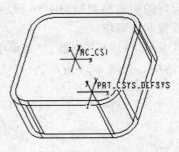

图 4-61　加工坐标系的三轴轴向设定　　　图 4-62　设定好的工件坐标系

（4）退刀面设置

① 点击"操作设置"对话框中"退刀"选项下面"曲面"右侧的按钮，出现"退刀选取"对话框，要求设定退刀平面，如图 4-63 所示。

② 单击窗口中的"沿 Z 轴"，系统自动将光标移到对话框下方的"输入 Z 深度"处，输入数值 20，然后单击【确定】按钮，生成退刀平面 ADTM1，如图 4-64 所示。

③ 点击"操作设置"对话框中的【确定】按钮，完成加工环境的设置。

步骤四：定义数控工序

系统显示"MACH AUX（辅助加工）"菜单［若未弹出，可在"MANUFACTURE（制造）"菜单中单击"Machining（加工）"→"NC Sequence（NC 序列）"］。

（1）定义加工方法　单击"Profile（轮廓）"→"Done（完成）"。

（2）工序设置　本例仅定义加工的必需工艺参数：刀具、参数和曲面，即接受图 4-65 所示菜单中的所有默认选项，然后单击"Done（完成）"项确认。

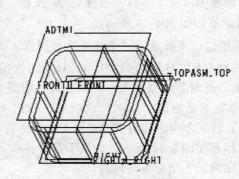

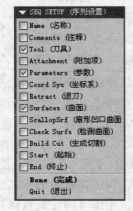

图 4-63　退刀面设定对话框　　图 4-64　生成的退刀平面　　图 4-65　"序列设置"菜单

（3）定义刀具参数

① 系统弹出"刀具设定"对话框，如图 4-66 所示。利用该窗口可以设定加工所需刀具。

② 使用端铣刀，输入刀具参数如图 4-67 所示。设定完成后，单击该窗口中的【应用】按钮，在窗口的左侧列表中出现"T0001"刀具。

③ 单击该窗口的【确定】按钮，完成加工刀具的设定。

（4）定义加工工艺参数

① 系统显示"MFG PARAMS（制造参数）"菜单，如图 4-68 所示。单击该菜单中的"Set（设置）"选项，系统弹出加工参数设定窗口，如图 4-69 所示。

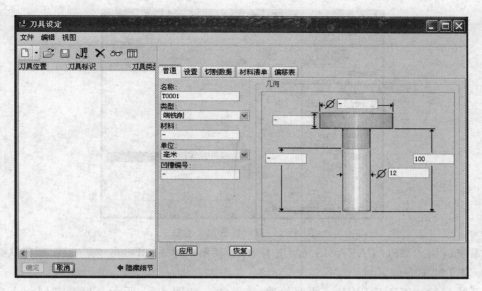

图 4-66 "刀具设定"对话框

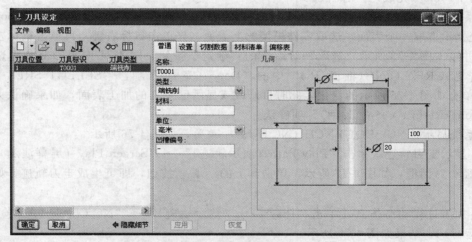

图 4-67 设定的刀具参数

图 4-68 制造参数菜单

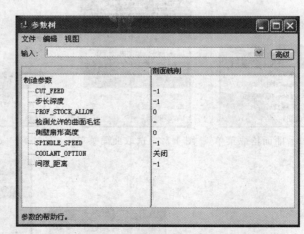

图 4-69 加工参数设定窗口

② 窗口中标记为"－1"的选项，表示用户必须进行设定。设定后的加工参数如图 4-70 所示。

③ 单击"文件"→"退出"，完成加工工艺参数的设定。

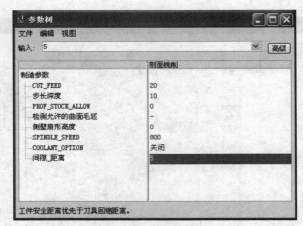

图 4-70 设定好的加工参数

④ 系统返回"MFG PARAMS（制造参数）"菜单，单击"Done（完成）"项确认。

（5）定义加工表面区域

① 系统显示"SURF PICK（曲面拾取）"菜单，如图 4-71 所示。接受"Model（模型）"项，单击"Done（完成）"项确认。

② 系统显示"SELECT SRFS（选取曲面）"菜单，如图 4-72 所示。单击"Loop（环）"项，系统提示选取一个表面，选取零件模型的上表面（先单击鼠标右键，再单击鼠标左键即可选中），并单击图 4-73 所示"选取"对话框的"确定"按钮，图 4-74 中阴影部分为选取的曲面，单击"SURF/LOOP（曲面/环）"中的"Done（完成）"项，"SELECT SRFS（选取曲面）"菜单有如图 4-75 所示的变化，此时可修改或显示已定义的加工表面，如果确认无误，可单击"Done/Return（完成/返回）"项确认。

③ 系统显示"NC SEQUENCE（NC 序列）"菜单，如图 4-76 所示。

（6）显示走刀轨迹 单击"Play Path（演示轨迹）"→"Screen Play（屏幕演示）"，显示"播放路径"对话框，如图 4-77 所示，单击其上的 ▶ 按钮，即可生成走刀轨迹，如图 4-78 所示。

（7）加工过程动态仿真 单击"Play Path（演示轨迹）"→"NC Check（NC 检测）"→"Run（运行）"，结果如图 4-79 所示。

图 4-71 曲面拾取菜单

图 4-72 选取曲面菜单

图 4-73 选取菜单

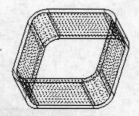

图 4-74 选取的曲面

图 4-75 选取曲面菜单

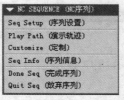

图 4-76 NC 序列菜单

图 4-77 "播放路径"对话框

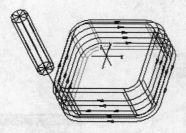

图 4-78　走刀轨迹　　　　　　　图 4-79　加工过程动态仿真结果

（8）点选"Done Seq（完成序列）"项，此时便完成了 NC 工序的定义。

4.4　孔加工

4.4.1　孔加工概述

"孔加工" NC 序列通过选取循环类型并指定要钻的孔来进行孔类特征的加工，其中，孔由"孔集"定义。

在 Pro/NC 中，要进行孔加工，应该选取"MACH AUX（辅助加工）"菜单中的"Hole-making（孔加工）"选项，如图 4-80 所示。单击"完成"项后，系统显示"孔加工"菜单，如图 4-81 所示。

在 Pro/NC 中，可使用下列孔加工循环类型。

（1）钻孔（Drill）：钻一个孔。根据选定的附加选项，下列语句将输出到 CL 文件中：

- 标准（Standard）（默认值）：CYCLE/DRILL。
- 深度（Deep）：CYCLE/DEEP。
- 断屑（Break Chip）：CYCLE/BRKCHP。
- 钻心（Web）：CYCLE/THRU（对于多块板）。
- 背面（Back）：一系列 GOTO 和 SPINDLE 语句以执行背面定位钻孔。

（2）表面（Face）：钻孔时可选择在最终深度位置停顿，这样有助于确保孔底部的曲面光洁。CYCLE/FACE 语句将输出到 CL 文件。

（3）镗孔（Bore）：进行镗孔以创建具有高精度的精加工孔直径。CYCLE/BORE 语句将输出到 CL 文件。

（4）埋头孔（Countersink）：为埋头螺钉钻倒角。CYCLE/CSINK 语句将输出到 CL 文件。如果同时选取"背面（Back）"选项和"埋头孔（Countersink）"选项，系统将执行背面埋头孔加工。

（5）攻丝（Tap）：钻螺纹孔。Pro/NC 支持 ISO 标准螺纹输出。CYCLE/TAP 语句将输出到 CL 文件。可使用两个附加选项：

- 固定（Fixed）：进给速度由螺距和主轴速度的组合确定。
- 浮动（Floating）：允许使用参数 FLOAT＿TAP＿FACTOR 修改进给速度。

（6）铰孔（Ream）：创建精确的精加工孔。CYCLE/REAM 语句将输出到 CL 文件。

（7）定制（Custom）：对当前机床创建并使用自定义循环。

4.4.2　孔加工工序设置

在"孔加工"菜单中选择了孔加工循环类型后，单击"完成"项，系统会弹出如图 4-82 所示的"序列设置"菜单，可以勾选要在稍后设置的工序选项，当然系统会默认选上常用选项如刀具、加工参数、孔，如果要进行其他选项的设置，可在该选项前加上"√"标注。其中"检

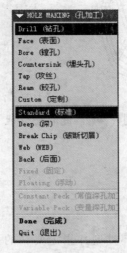

图 4-80　孔加工方法的设定　　图 4-81　"孔加工"菜单　　图 4-82　"SEQ SETUP（序列
设置）"菜单

测曲面"选项表示选取将进行过切检测的曲面。如果沿孔之间的移动轨迹上有障碍物，那么使
用此选项。

其他参数可查阅 4.1.2 节的内容。

4.4.3　孔加工的常用加工参数

图 4-83 所示为孔加工的基本加工参数设定窗口，下面对孔加工中常用的加工参数进行说明。

（1）CUT_FEED：切削运动进给速度。

（2）破断线距离：钻出距离。

（3）扫描类型：钻削走刀方式，共有五种方式可供选择，分别如下。

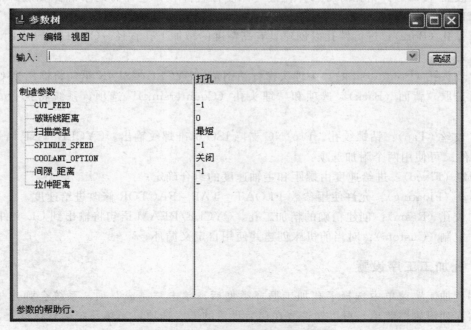

图 4-83　孔加工的基本加工参数设定窗口

- TYPE＿1：通过增加 Y 坐标并在 X 轴方向上来回移动。此扫描类型显示在图 4-84 左边的图片中。
- TYPE＿SPIRAL：从距坐标系最近的孔顺时针方向开始。此扫描类型显示在图 4-84 中间的图片中。
- TYPE＿ONE＿DIR：通过增加 X 坐标并减少 Y 坐标。此扫描类型显示在图 4-84 右边的图片中。
- PICK＿ORDER：按孔的选取顺序钻孔。如果一种选择方法导致选取多个孔〔例如，"全部孔"（All Holes）或"阵列"（Pattern）选项〕，则根据 TYPE＿1 钻这些孔，然后恢复 PICK＿ORDER 钻孔。
- SHORTEST（默认值）：系统确定采用哪种孔顺序可使加工运动时间最短。

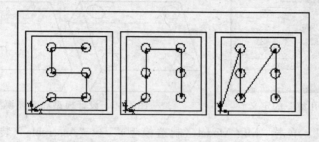

图 4-84　扫描类型

（4）SPINDLE＿SPEED：加工机床主轴转速。

（5）COOLANT＿OPTION：冷却液开关设定。

（6）间隙＿距离：刀具以快速下刀至要切削材料时变成以进给速度下刀之间的缓冲距离。

（7）拉伸距离：钻孔结束后，刀具拔出的距离。

4.4.4　孔加工区域的设定方法

要加工的孔由"孔集"定义，"孔集"包括要钻的一个或几个孔。每个"孔集"都有与其相关的钻孔深度规格或沉孔直径值。

要选取包括在"孔集"中的孔时，可以采用以下方法之一。

- 选取单个孔轴线。
- 包括指定曲面上的所有孔。
- 包括指定直径的所有孔。
- 包括具有特定特征参数值的所有孔。
- 包括用当前刀具可加工倒角的所有孔（用于沉孔）。
- 选取单个基准点以标记钻孔位置。
- 包括指定曲面上的所有基准点。
- 读入含有相对于指定坐标系的基准点坐标的文件。

"孔集"的定义对话框如图 4-85 所示，具体使用方法参见 4.4.5 节的实例。

4.4.5　操作实例

步骤一：进入零件加工模块，新建制造文件

将工作目录设置为"chapter4"。

单击"文件"→"新建"→"制造"→"NC 组件"，输入文件名为 mfg04，接受"使用缺省模板"，单击【确定】按钮。

步骤二：创建制造模型

图 4-86 所示为构成制造模型的设计模型和毛坯模型。

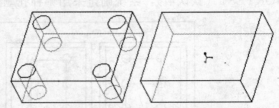

图 4-85 "孔集"的定义   图 4-86 设计模型和毛坯模型

首先调出设计模型。单击"Mfg Model（制造模型）"→"Assemble（装配）"→"Ref Model（参照模型）"选项，选取 mfg04-model.prt，单击【打开】按钮，系统自动调出零件模型，同时出现装配操控面板，如图 4-87 所示。点击图 4-87 中箭头所指的"缺省"选项，再单击 ✔ 按钮，即可完成设计模型的装配。

图 4-87 装配操控面板

再调出毛坯模型。单击"Assemble（装配）"→"Workpiece（工件）"，选取 mfg04-wp.prt，单击【打开】按钮，其余操作同上，可完成毛坯模型的装配。

最后，装配好的制造模型如图 4-88 所示。

步骤三：设置制造环境

在"MANUFACTURE（制造）"菜单中单击"Mfg Setup（制造设置）"项，系统显示"操作设置"对话框。

（1）操作名称　采用默认值 OP010。

（2）机床设置　点击 按钮，出现"机床设置"对话框，采用默认值，即机床名称为 MACH01、机床类型为铣床、轴数为三轴，单击【确定】按钮。

（3）确定加工坐标系

① 点击"操作设置"对话框中"加工零点"右侧的 按钮，出现"MACH CSYS（制造坐标系）"菜单和"选取"对话框，如图 4-89 所示。

② 单击工作区右侧的 按钮，系统显示"坐标系"对话框，如图 4-90 所示。

③ 选择毛坯模型的左侧面，再按住〈Ctrl〉键依次点选毛坯模型的前面和上表面，此时系统显示 X、Y 和 Z 轴，如图 4-91 所示，若三轴次序有误或方向不对，可点选"坐标系"对话框的"定向"选项卡，如图 4-92 所示，点击第一个"反向"按钮，使 X 轴正方向指向后方，

点击第二个"反向"按钮，使 Y 轴正方向指向后方。Z 轴正方向则由右手规则确定为向上。

④ 设定完成后的加工坐标系如图 4-93 所示。如果不符合要求，可返回第③步重新定义。

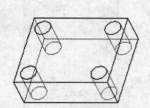

图 4-88　制造模型　　　　图 4-89　加工坐标系设定菜单　　图 4-90　加工坐标系设定窗口

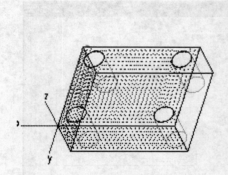

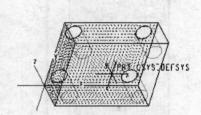

图 4-91　显示的三个轴　　图 4-92　加工坐标系的三轴轴向设定　图 4-93　设定好的工件坐标系

⑤ 单击【确定】按钮，可完成加工坐标系的设置。

（4）退刀面设置

① 点击"操作设置"对话框中"退刀"选项下"曲面"右侧的 ▶ 按钮，出现"退刀选取"对话框，要求设定退刀平面，如图 4-94 所示。

② 单击窗口中的"沿 Z 轴"，系统自动将光标移到对话框下方的"输入 Z 深度"处，输入数值 5，然后单击【确定】按钮，生成退刀平面 ADTM1，如图 4-95 所示。

③ 点击"操作设置"对话框中的【确定】按钮，完成加工环境的设置。

步骤四：定义数控工序

系统显示"MACH AUX（辅助加工）"菜单［若未弹出，可在"MANUFACTURE（制造）"菜单中单击"Machining（加工）"→"NC Sequence（NC 序列）"］。

（1）定义加工方法　单击"Holemaking（孔加工）"→"Done（完成）"。

系统显示如图 4-96 所示的"孔加工"菜单，接受默认选项"钻孔"、"标准"，然后单击"Done（完成）"选项。

（2）工序设置　本例仅定义孔加工的必需工艺参数：刀具、参数和孔，即接受图 4-97 菜单中的所有默认选项，然后单击"Done（完成）"项确认。

（3）定义刀具参数

① 系统弹出"刀具设定"对话框，利用该窗口可以设定加工所需刀具。

② 输入刀具参数如图 4-98 所示。设定完成后，单击该窗口中的【应用】按钮，在窗口的左边列表中出现"T0001"刀具。

③ 单击【确定】按钮，完成加工刀具的设定。

图 4-94　退刀面设定对话框 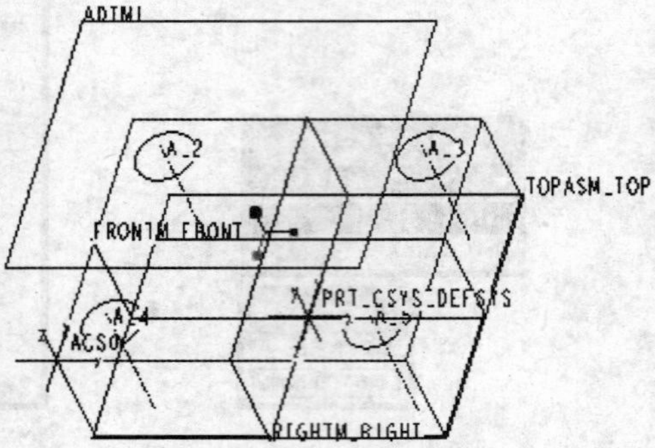　　　　图 4-95　生成的退刀平面 　　　　图 4-96　"孔加工"菜单

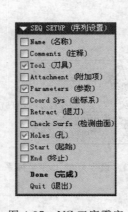

图 4-97　NC 工序需定

义参数的选择菜单

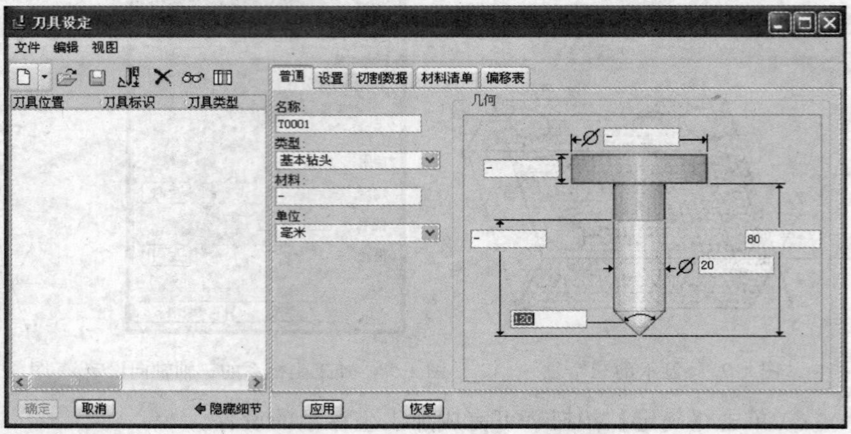

图 4-98　设定的刀具参数

（4）定义加工工艺参数

① 系统显示"MFG PARAMS（制造参数）"菜单，如图 4-99 所示。单击该菜单中的"Set（设置）"选项，系统弹出加工参数设定窗口，如图 4-100 所示。

图 4-99　制造参数菜单

② 窗口中标记为"－1"的选项用户必须进行设定。设定后的加工参数如图 4-101 所示。

③ 单击"文件"→"退出"，完成加工工艺参数的设定。

④ 系统返回"MFG PARAMS（制造参数）"菜单，单击"Done（完成）"项确认。

（5）孔的选取

① 系统显示如图 4-102 所示的孔设置对话框，对话框中有两个选项"单一"和"阵列"，"单一"用于选择单个孔，"阵列"用于选择由阵列方法生成的全部孔，现选中"阵列"，单击【添加】按钮，系统显示如图 4-103 所示的"选取"对话框。

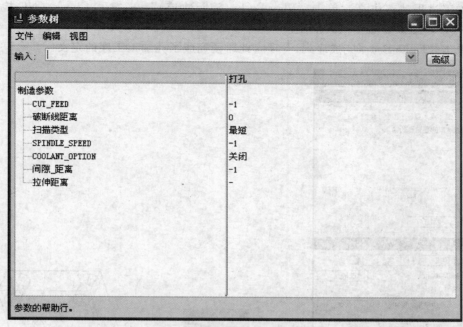

图 4-100　加工参数设定窗口

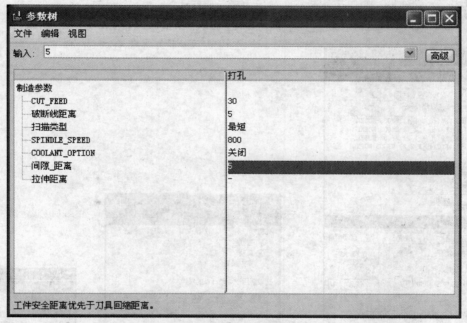

图 4-101　设定好的加工参数

②选取设计模型上任意孔的中心线或孔壁，则选中的孔呈高亮显示，如图 4-104 所示，单击"选取"对话框中的【确定】按钮。则孔设置对话框显示如图 4-105 所示。

③单击【深度】按钮，系统显示如图 4-106 所示的"孔集深度"对话框，可以对孔加工的起始点和深度加以定义，现用默认项，单击【确定】按钮。

④单击"孔集"对话框中的【确定】按钮，系统返回如图 4-107 所示的"孔"菜单，单击"Done/Return"项完成孔的设置。

（6）显示走刀轨迹　单击"Play Path（演示轨迹）"→"Screen Play（屏幕演示）"，显示"播放路径"对话框，如图 4-108 所示，单击其上的　▶　按钮，即可生成走刀轨迹，如图 4-109所示。

（7）加工过程动态仿真 单击"Play Path（演示轨迹）"→"NC Check（NC 检测）"→"Run（运行）"，结果如图 4-110 所示。

（8）单击"Done Seq（完成序列）"项，此时便完成了孔加工工序的定义。

图 4-102 孔设置对话框

图 4-103 "选取"对话框

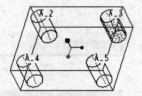

图 4-104 选取的孔

图 4-105 选取孔后的孔设置对话框

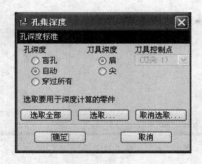

图 4-106 "孔集深度"对话框

图 4-107 "孔"菜单

图 4-108 "播放路径"对话框

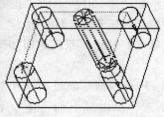

图 4-109 走刀轨迹

图 4-110 加工过程动态仿真结果

4.5　凹槽加工

4.5.1　凹槽加工概述

凹槽加工针对凹槽特征加工，实际上是体积块加工和轮廓加工的混合，凹槽的底面加工轨迹是体积块加工的精加工平面加工轨迹，凹槽的四周曲面加工轨迹是轮廓加工的刀具加工轨迹。很显然，使用凹槽加工的方法加工型腔比较方便，适合于型腔的精加工。

在 Pro/NC 中，要进行凹槽加工，应该选取"MACH AUX（辅助加工）"菜单中的"Pocketing（腔槽加工）"选项，如图 4-111 所示。

4.5.2　凹槽加工工序设置

选择"腔槽加工"方法后，系统会弹出如图 4-112 所示的"序列设置"菜单，可以勾选要在稍后设置的工序选项，当然系统会默认地选上常用选项如刀具、参数、曲面，如果要进行其他选项的设置，可在该选项前加上"√"标注。

4.5.3　凹槽加工区域的设定方法

要进行凹槽加工，首先必须明确需要加工的区域。凹槽加工的加工区域为凹槽，形状是开放的，如图 4-113 所示，在具体指定时可以采用以下四种方法中的一种，如图 4-114 所示。

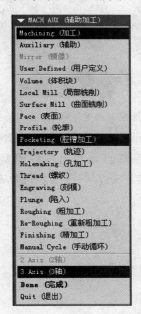
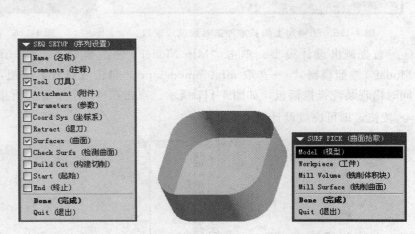

图 4-111　加工方法的设定　　图 4-112　"序列设置"菜单　　图 4-113　凹槽示意图　　图 4-114　轮廓加工
区域的设定方法

- Model（模型）：该方法可直接在零件模型上选取相关曲面来构成凹槽。这种方法简便，适合于简单的凹槽形状定义。
- Workpiece（工件）：该方法可从工件模型中指定欲加工凹槽，较少采用。
- Mill Volume（铣削体积块）：该方法通过定义一个封闭的空间形状（或体积）的方式来定义凹槽，即先设定一个 Volume，再从中去除开口面。
- Mill Surface（铣削曲面）：该方法使用定义曲面的方法来定义凹槽。这种方法设定灵活、可编辑性强，适合于复杂的凹槽形状定义。

4.5.4 凹槽加工的常用加工参数

图 4-115 所示为凹槽加工的基本加工参数设定窗口，具体说明可参见体积块加工和轮廓加工的加工参数说明。

4.5.5 操作实例

步骤一：进入零件加工模块，新建制造文件

将工作目录设置为"chapter4"。

单击"文件"→"新建"→"制造"/"NC组件"，输入文件名为 mfg05，接受"使用缺省模板"，单击【确定】按钮。

步骤二：创建制造模型

图 4-116 所示为构成制造模型的设计模型和毛坯模型。

图 4-115 凹槽加工的基本加工参数设定窗口

图 4-116 设计模型和毛坯模型

首先调出设计模型。单击"Mfg Model（制造模型）"→"Assemble（装配）"→"Ref Model（参照模型）"→选取 mfg05-model. prt，单击【打开】按钮，系统自动调出零件模型，同时出现装配操控面板，如图 4-117 所示。点击图 4-117 中箭头所指的"缺省"选项，再单击 按钮，即可完成设计模型的装配。

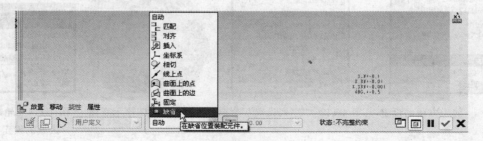

图 4-117 装配操控面板

再调出毛坯模型。单击"Assemble（装配）"→"Workpiece（工件）"，选取 mfg05-wp. prt，单击【打开】按钮，其余操作同上，可完成毛坯模型的装配。

最后，装配好的制造模型如图 4-118 所示。

步骤三：设置制造环境

在"MANUFACTURE（制造）"菜单中单击"Mfg Setup（制造设置）"项，系统显示"操作设置"对话框。

（1）操作名称　采用默认值 OP010。

（2）机床设置　点击 [机] 按钮，出现"机床设置"对话框，采用默认值，即机床名称为 MACH01、机床类型为铣床、轴数为三轴，单击【确定】按钮。

（3）确定加工坐标系　设定方法与 4.3.5 节的实例同，完成后的加工坐标系如图 4-119 所示。

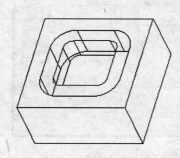
图 4-118　制造模型

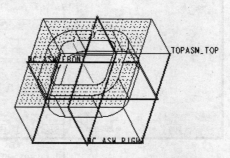
图 4-119　设定好的加工坐标系

（4）退刀面设置　设定方法与 4.3.5 节的实例同，完成后的退刀平面 ADTM1 如图 4-120 所示。

步骤四：定义数控工序

系统显示"MACH AUX（辅助加工）"菜单［若未弹出，可在"MANUFACTURE（制造）"菜单中单击"Machining（加工）"→"NC Sequence（NC 序列）"］。

（1）定义加工方法　单击"Pocketing（腔槽加工）"→"Done（完成）"。

（2）工序设置　本例仅定义加工的必需工艺参数：刀具、参数和曲面（即凹槽），即接受图 4-121 菜单中的所有默认选项，然后单击"Done（完成）"项确认。

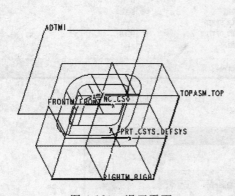
图 4-120　退刀平面

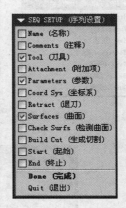
图 4-121　需定义的加工工艺参数

（3）定义刀具参数

① 系统弹出"刀具设定"对话框，利用该窗口可以设定加工所需刀具。

② 使用端铣刀，输入刀具参数如图 4-122 所示。设定完成后，单击该窗口中的【应用】按钮，在窗口的左侧列表中出现"T01"刀具。

③ 单击【确定】按钮，完成加工刀具的设定。

（4）定义加工工艺参数

① 系统显示"MFG PARAMS（制造参数）"菜单，如图 4-123 所示。单击该菜单中的"Set（设置）"选项，系统弹出加工参数设定窗口，如图 4-124 所示。

② 窗口中标记为"一1"的选项，表示用户必须进行设定。设定后的加工参数如图 4-125 所示。

③ 单击"文件"→"退出"，完成加工工艺参数的设定。

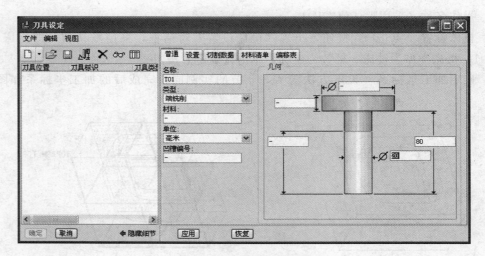

图 4-122 设定的刀具参数

④ 系统返回"MFG PARAMS（制造参数）"菜单，单击"Done（完成）"项确认。

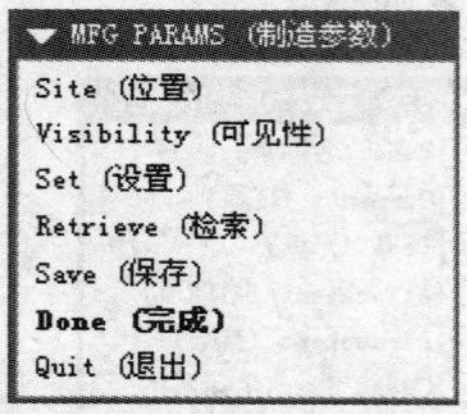

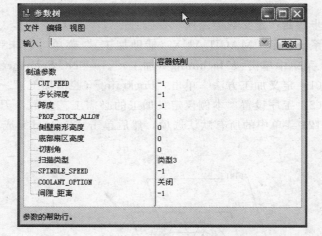

图 4-123 制造参数菜单

图 4-124 加工参数设定窗口

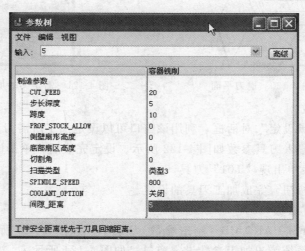

图 4-125 设定后的加工参数

（5）定义加工表面区域

① 系统显示"SURF PICK（曲面拾取）"，如图 4-126 所示。接受菜单默认选项，单击

"Done（完成）"。

② 系统显示如图 4-127 所示的菜单，要求选取构成凹槽的曲面，选取零件模型（mfg05-model）中的凹槽四周曲面和底面作为被加工面的参考面，如图 4-128 所示，最后得到的凹槽形状如图 4-129 所示，单击"Done/Return"选项。

（6）显示走刀轨迹　单击"Play Path（演示轨迹）"→"Screen Play（屏幕演示）"，显示"播放路径"对话框，单击其上的 ▶ 按钮，即可生成走刀轨迹，如图 4-130 所示。

（7）加工过程动态仿真　单击"Play Path（演示轨迹）"→"NC Check（NC 检测）"→"Run（运行）"，结果如图 4-131 所示。

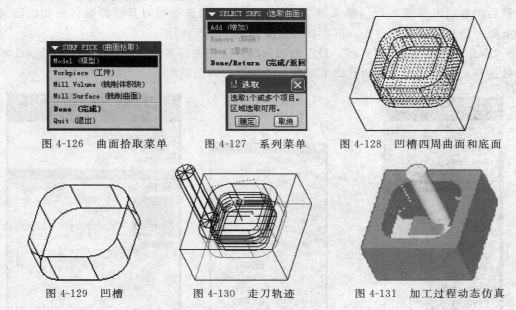

图 4-126　曲面拾取菜单　　图 4-127　系列菜单　　图 4-128　凹槽四周曲面和底面

图 4-129　凹槽　　　　图 4-130　走刀轨迹　　　图 4-131　加工过程动态仿真

（8）单击"Done Seq（完成序列）"项，此时便完成了凹槽加工工序的定义。

4.6　截面线法曲面加工

4.6.1　截面线法曲面加工概述

截面线法曲面加工的基本思想是采用一组截平面去截加工表面，截出一系列交线，刀具与加工表面的接触点就沿着这些交线运动，完成曲面的加工。

截平面可以定义为一组平行的平面，也可以定义为一组绕某直线旋转的平面。一般来说，定义的平行截平面平行于刀具轴线，即与 Z 坐标轴平行，而与 X 轴的夹角可以为任意角度，如图 4-132 所示。图 4-133 所示为截面线法曲面加工中刀具的走刀轨迹。

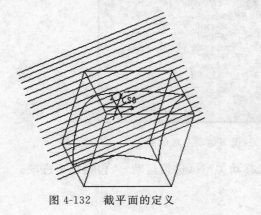
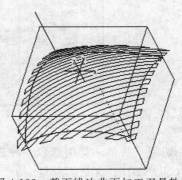

图 4-132　截平面的定义　　　　图 4-133　截面线法曲面加工刀具轨迹

　　截面线法对于曲面网格分布不太均匀及多个曲面形成的组合曲面的加工非常有效。这是因为刀具与加工表面的接触点在同一个平面上，从而使加工轨迹分布相对比较均匀，可使残留高度分布比较均匀，加工效率也比较高。

　　在 Pro/NC 中，要进行曲面加工，应该选取"MACH AUX（辅助加工）"菜单中的"Surface Mill（曲面铣削）"选项，如图 4-134 所示。

4.6.2　截面线法曲面加工工序设置

　　选择"曲面铣削"加工方法后，系统会弹出如图 4-135 所示的"序列设置"菜单，可以勾选要在稍后设置的工序选项，当然系统会默认地选上常用选项如刀具、参数、曲面、定义切割，如果要进行其他选项的设置，可在该选项前加上"√"标注。

　　（1）"Define Cut（定义切割）"：设定曲面铣削方法并进行具体参数的定义，如图 4-136 所示。此处选择"直线切削"选项，即采用截面线法进行曲面铣削。

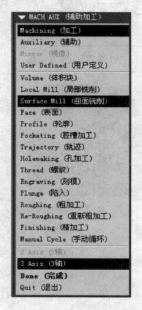
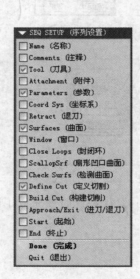
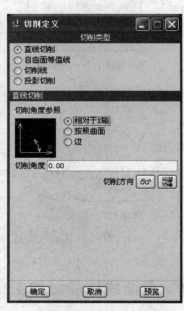

图 4-134　加工方法的设定　　图 4-135　"序列设置"菜单　　图 4-136　"切削定义"菜单

　　（2）"Approach/Exit（进刀/退刀）"：系统显示如图 4-137 所示的对话框，用于定义刀具在切入零件时的进刀方式和切出零件时的退刀方式。这里对进刀方式做以下介绍。

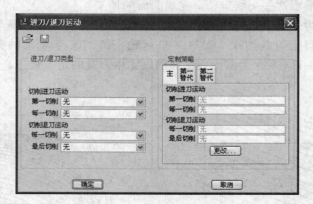

图 4-137　"进刀/退刀运动"对话框

　　① 第一切削　为第一切削选取一种进刀移动类型（进刀运动）。包括以下选项。

　　•"无（NONE）"：无进刀移动。

● "定制 _ 进入（CUSTOM _ ENTRY）"：使用定制策略进入，该策略在此切削类型的"定制策略"（Custom Strategies）组框中指定。如果"主"策略可导致过切，则系统将使用"第一替代"（First Alternate）策略，以此类推。如果所有定制策略均导致过切，则将不创建进刀运动。

● "自动（AUTOMATIC）"：根据要加工特征周围的几何形状，系统将自动确定进刀移动类型。进刀运动将自动避免过切。如果第一个选取的运动类型过切零件，系统将尝试下一个合理的运动类型。如果所有运动类型均过切零件，则将不创建进刀运动。

● "直线 _ 相切（LINE _ TANGENT）"：刀具将沿与切口相切的直线进入。直线长度由 APPROACH _ DISTANCE 参数定义。

● "螺旋（HELIX）"：刀具沿螺旋线进入。螺旋的几何形状由 HELICAL _ DIAMETER 和 RAMP _ ANGLE 参数定义。

● "滑道（RAMP）"：刀具以某一角度进入。该移动由 RAMP _ ANGLE 和 CLEAR _ DIST 参数定义。

● "圆弧 _ 进入（ARC _ ENTRY）"：刀具沿与切口相切的水平圆弧进入（即，圆弧位于与 NC 序列坐标系的 XY 平面平行的平面内）。圆弧的半径由 LEAD _ RADIUS 参数定义。圆弧的角度是 180°。

● "圆弧 _ 相切（ARC _ TANGENT）"：刀具沿与切口相切的垂直圆弧进入（即，圆弧位于与切口相切且与 NC 序列坐标系的 XY 平面垂直的平面内）。该移动由 LEAD _ RADIUS 和 ENTRY _ ANGLE 参数定义。

● "引入（LEAD _ IN）"：刀具导入切口。该移动由 TANGENT _ LEAD _ STEP、NOR-MAL _ LEAD _ STEP、LEAD _ RADIUS 和 ENTRY _ ANGLE 参数定义。

② 每一切削　为每一中间切削选取一种进刀移动类型。

4.6.3　截面线法曲面加工区域的设定方法

要进行曲面加工，首先必须定义需要加工的曲面。设定时可以采用以下四种方法中的一种，如图 4-138 所示，但常用的设定方法为 "Mill Surface"。

● Model（模型）：该方法可直接在零件模型上选取相关曲面作为加工区域。这种方法简便，适合于简单的曲面形状定义。

● Workpiece（工件）：该方法可从工件模型中指定欲加工曲面，较少采用。

● Mill Volume（铣削体积块）：该方法通过定义一个封闭的空间形状的方式来定义曲面。

● Mill Surface（铣削曲面）：该方法使用定义曲面的方法来定义加工区域。这种方法设定灵活、可编辑性强，适合于复杂的曲面形状定义。

4.6.4　截面线法曲面加工的常用加工参数

图 4-139 所示为曲面加工的基本加工参数设定窗口，下面对曲面加工中常用加工参数进行说明，与前面加工方法相同的加工参数说明可参考前面几节。

● 粗加工步距深度：用于设置粗加工分层铣削时的每一层的切削深度，单位为 mm。

● 检测允许的曲面毛坯：用于设置检测曲面的余量。

● 扇形高度：用于设置曲面的留痕高度。

● 带选项：用于设置刀具路径的连续方式。

4.6.5　操作实例

步骤一：进入零件加工模块，新建制造文件

将工作目录设置为 "chapter4"。

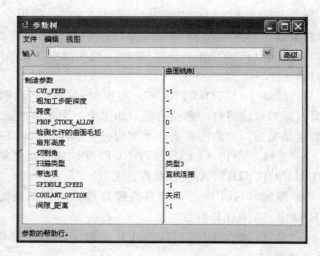

图 4-138　曲面加工区域的设定方法　　　　图 4-139　曲面加工的基本加工参数设定窗口

单击"文件"→"新建"→"制造"→"NC 组件"，输入文件名为 mfg06，接受"使用缺省模板"，单击【确定】按钮。

步骤二：创建制造模型

首先调出设计模型。单击"Mfg Model（制造模型）"→"Assemble（装配）"→"Ref Model（参照模型）"→选取 mfg06-model. prt，单击【打开】按钮，系统自动调出零件模型，同时出现装配操控面板，如图 4-140 所示。点击图 4-140 中箭头所指的"缺省"选项，再单击 ✔ 按钮，即可完成设计模型的装配。

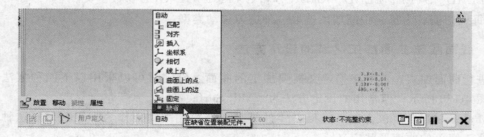

图 4-140　装配操控面板

再调出毛坯模型。单击"Assemble（装配）"→"Workpiece（工件）"，选取 mfg06-wp. prt，单击【打开】按钮，其余操作同上，可完成毛坯模型的装配。

最后，装配好的制造模型如图 4-141 所示。

步骤三：设置制造环境

在"MANUFACTURE（制造）"菜单中单击"Mfg Setup（制造设置）"项，系统显示"操作设置"对话框。

（1）操作名称　采用默认值 OP010。

（2）机床设置　点击 按钮，出现"机床设置"对话框，采用默认值：机床名称为MACH01、机床类型为铣床、轴数为三轴，单击【确定】按钮。

（3）设定加工坐标系　设定方法与 4.3.5 节的实例同，完成后的加工坐标系如图 4-142 所示。

（4）退刀面设置　设定方法与 4.3.5 节的实例同，完成后的退刀平面 ADTM1 如图 4-143 所示。

步骤四：定义数控工序

系统显示"MACH AUX（辅助加工）"菜单［若未弹出，可在"MANUFACTURE（制造）"菜单中单击"Machining（加工）"→"NC Sequence（NC 序列）"］。

（1）定义加工方法 单击"Surface Mill（曲面铣削）"→"Done（完成）"。

（2）选择需定义的加工工艺选项 本例仅定义加工的必需工艺选项：刀具、参数、曲面、定义切割（曲面铣削方法及具体参数的定义），即接受图 4-144 菜单中的所有默认选项，然后单击"Done（完成）"项确认。

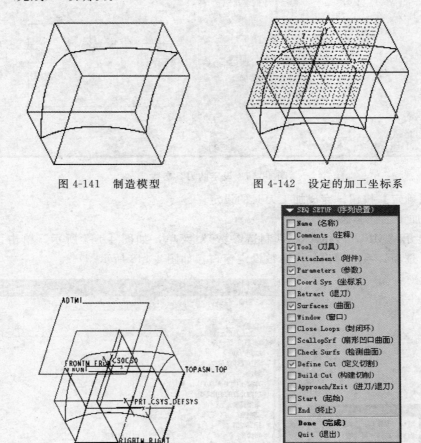

图 4-141　制造模型　　　　　　　　图 4-142　设定的加工坐标系

图 4-143　退刀平面　　　　　　　　图 4-144　"序列设置"菜单

（3）定义刀具参数

① 系统弹出"刀具设定"对话框，如图 4-145 所示。利用该窗口可以设定加工所需刀具。

② 为避免过切，宜使用球头铣刀，输入刀具参数如图 4-146 所示。设定完成后，单击该窗口中的【应用】按钮，在窗口的左边列表中出现"T01"刀具。

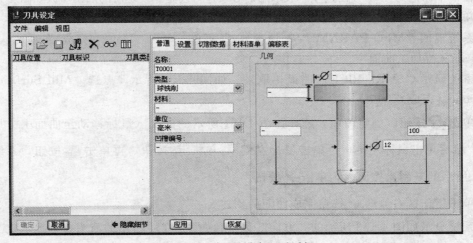

图 4-145　"刀具设定"对话框

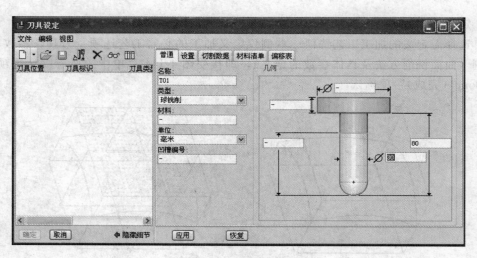

图 4-146　设定的刀具参数

③ 单击【确定】按钮，完成加工刀具的设定。

（4）定义加工工艺参数

① 系统显示"MFG PARAMS（制造参数）"菜单，如图 4-147 所示。单击该菜单中的"Set（设置）"选项，系统弹出加工参数设定窗口，如图 4-148 所示。

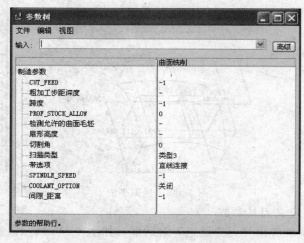

图 4-147　制造参数菜单　　　　图 4-148　加工参数设定窗口

② 窗口中标记为"－1"的选项，表示用户必须进行设定。设定后的加工参数如图 4-149 所示。

③ 单击"文件"→"退出"，完成加工工艺参数的设定。

④ 系统返回"MFG PARAMS（制造参数）"菜单，单击"Done（完成）"项确认。

（5）定义待加工曲面

① 系统显示"SURF PICK（曲面拾取）"，如图 4-150 所示。点选"Mill Surface"选项，单击"Done（完成）"。

② 单击 按钮以创建曲面，选择如图 4-151 所示的曲面（鼠标移动至曲面上方后单击鼠标右键，然后单击鼠标左键，再单击鼠标左键），单击 按钮，再单击 按钮，系统显示如图 4-152 所示的复制操控面板，单击 按钮。

③ 单击工作区右侧的 按钮完成曲面的创建。

④ 系统显示如图 4-153 所示的"方向"菜单和如图 4-154 所示的箭头，并提示定义加工区域方向，单击"方向"菜单中的"Flip（反向）"→"Okay（正向）"。

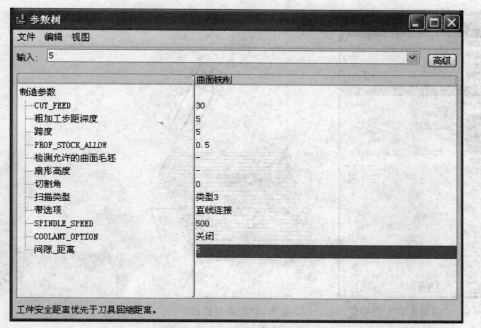

图 4-149　设定的加工参数

⑤ 系统显示如图 4-155 所示的菜单，选取 "Select All" 选项，然后单击 "Done/Return"。

（6）曲面铣削方法及具体参数的定义　系统显示 "切削定义" 对话框，如图 4-156 所示，取默认选项，即曲面铣削方法采用截面线法，单击【确定】按钮。

（7）显示走刀轨迹　单击 "Play Path（演示轨迹）"→"Screen Play（屏幕演示）"，显示 "播放路径" 对话框，单击其上的　▶　按钮，即可生成走刀轨迹，如图 4-157 所示。

（8）加工过程动态仿真　单击 "Play Path（演示轨迹）"→"NC Check（NC 检测）"→ "Run（运行）"，结果如图 4-158 所示。

图 4-150　"曲面拾取" 菜单

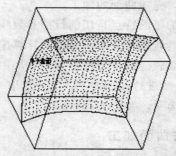

图 4-151　选择曲面（阴影部分）

图 4-152　复制操控面板

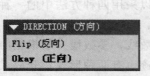

图 4-153　"方向" 菜单

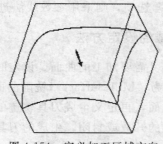

图 4-154　定义加工区域方向

图 4-155　"选取曲面" 菜单

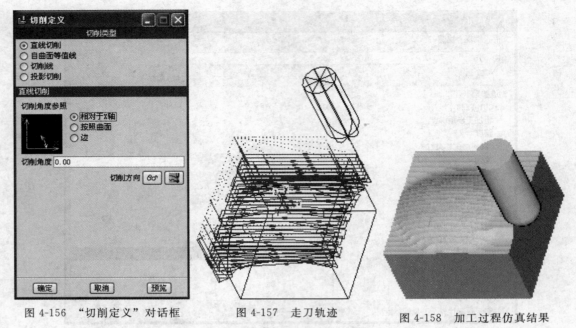

图 4-156　"切削定义"对话框　　图 4-157　走刀轨迹　　图 4-158　加工过程仿真结果

（9）单击"Done Seq（完成序列）"项，此时便完成了曲面加工工序的定义。

4.7　参数线法曲面加工

4.7.1　参数线法曲面加工概述

　　参数线法曲面加工的基本思想是在被加工曲面上以指定参数线（选择轮廓线或建立曲线）的方式来定义刀具路径方向，刀具走刀将首先模仿选定的轮廓线或建立曲线的形状，然后根据需要逐渐改变形状，完成曲面的加工。

　　参数线法曲面加工的特点是切削行沿参数线分布，适用于网格分布比较规则的参数曲面的加工。其优点是刀具轨迹计算方法简单，计算速度快；不足之处是当加工曲面的参数线分布不均匀时，切削行刀具轨迹的分布也不均匀，加工效率也不高。

　　在 Pro/NC 中，要进行曲面加工，应该选取"MACH AUX（辅助加工）"菜单中的"Surface Mill（曲面铣削）"选项，如图 4-134 所示。

4.7.2　参数线法曲面加工

　　选择"曲面铣削"加工方法后，系统会弹出如图 4-159 所示的"序列设置"菜单，可以勾选要在稍后设置的工序选项。当然，系统会默认地选上常用选项，如刀具、参数、曲面、定义切割，如果要进行其他选项的设置，可在该选项前加上"√"标注。

　　图 4-159 中的"定义切割"选项用于设定曲面铣削方法并进行具体参数的定义。在如图 4-160 所示的对话框中选择"切削线"选项，则采用参数线法进行曲面铣削。

4.7.3　参数线法曲面加工区域的设定方法

　　要进行曲面加工，必须首先定义需要加工的曲面。设定时可以采用四种方法中的一种，如图 4-161 所示，但常用的设定方法为"Mill Surface（铣削曲面）"。

　　具体设定时，先选定被加工曲面，再定义生成刀具轨迹的参数线，参数线一般根据曲面的轮廓进行选定。另外，根据参数线的开放或封闭，生成的刀具轨迹也有两种形式：开放式和封闭式，如图 4-162 和图 4-163 所示。

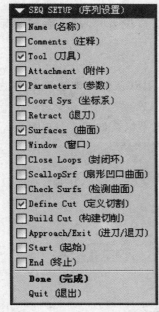
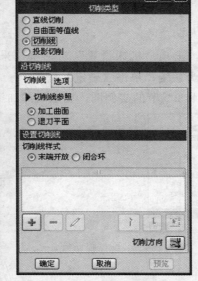

图 4-159　"序列设置"菜单　　　图 4-160　"切削定义"菜单　　　图 4-161　曲面加工区域的设定方法

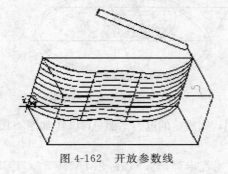
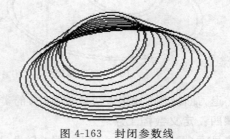

图 4-162　开放参数线　　　　　　　图 4-163　封闭参数线

4.7.4　参数线法曲面加工的常用加工参数

参数线法曲面加工的常用加工参数在此不再详细介绍，读者可参见截面线法曲面加工的常用加工参数说明。

4.7.5　操作实例

步骤一：进入零件加工模块，新建制造文件

将工作目录设置为"chapter4"。

单击"文件"→"新建"→"制造"→"NC 组件"，输入文件名为 mfg07，接受"使用缺省模板"，单击【确定】按钮。

步骤二：创建制造模型

首先调出设计模型。单击"Mfg Model（制造模型）"→"Assemble（装配）"→"Ref Model（参照模型）"，选取 mfg07-model.prt，单击【打开】按钮，系统自动调出零件模型，同时出现装配操控面板，如图 4-164 所示。点击图 4-164 中箭头所指的"缺省"选项，再单击 ✓ 按钮，即可完成设计模型的装配。

再调出毛坯模型。单击"Assemble（装配）"→"Workpiece（工件）"，选取 mfg07-wp.prt，单击【打开】按钮，其余操作同上，可完成毛坯模型的装配。

最后，装配好的制造模型如图 4-165 所示。

91

步骤三：设置制造环境

在"MANUFACTURE（制造）"菜单中单击"Mfg Setup（制造设置）"项，系统显示"操作设置"对话框。

（1）操作名称　采用默认值 OP010。

（2）机床设置　点击 ▣ 按钮，出现"机床设置"对话框，采用默认值，即机床名称为 MACH01、机床类型为铣床、轴数为三轴，单击【确定】按钮。

（3）加工坐标系　设定方法与 4.3.5 节的实例同，完成后的加工坐标系如图 4-166 所示。

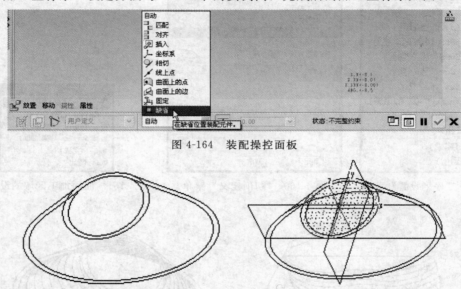

图 4-164　装配操控面板

图 4-165　制造模型　　　　　　　　　图 4-166　设定好的加工坐标系

（4）退刀面设置　设定方法与 4.3.5 节的实例同，完成后的退刀平面 ADTM1 如图 4-167 所示。

步骤四：定义数控工序

系统显示"MACH AUX（辅助加工）"菜单〔若未弹出，可在"MANUFACTURE（制造）"菜单中单击"Machining（加工）"→"NC Sequence（NC 序列）"〕。

（1）定义加工方法　单击"Surface Mill（曲面铣削）"选项，单击"Done（完成）"。

（2）工序设置　本例仅定义加工的必需工艺参数：刀具、参数、曲面、定义切割（曲面铣削方法及具体参数的定义），即接受图 4-168 菜单中的所有默认选项，然后单击"Done（完成）"项确认。

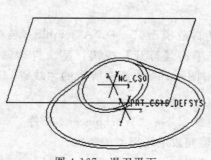

图 4-167　退刀平面　　　　　　　　　图 4-168　"序列设置"菜单

（3）定义刀具参数

① 系统弹出"刀具设定"对话框，利用该窗口可以设定加工所需刀具。

② 为避免过切，宜使用球头铣刀，输入刀具参数如图 4-169 所示。设定完成后，单击该窗口中的【应用】按钮，在窗口的左边列表中出现"T01"刀具。

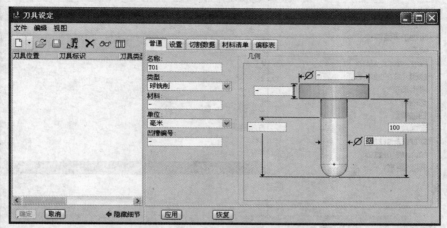

图 4-169　刀具参数设定

③ 单击【确定】按钮，完成加工刀具的设定。

（4）定义加工工艺参数

① 系统显示"MFG PARAMS（制造参数）"菜单，如图 4-170 所示。单击该菜单中的"Set（设置）"选项，系统弹出加工参数设定窗口，如图 4-171 所示。

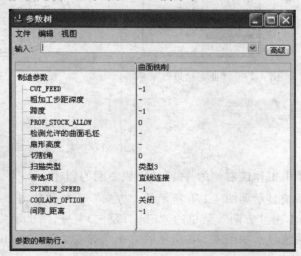

图 4-170　制造参数菜单　　　　图 4-171　加工参数设定窗口

② 窗口中标记为"－1"的选项，表示用户必须进行设定。设定后的加工参数如图 4-172 所示。

③ 单击"文件"→"退出"，完成加工工艺参数的设定。

④ 系统返回"MFG PARAMS（制造参数）"菜单，单击"Done（完成）"项确认。

（5）定义待加工曲面

① 系统显示"SURF PICK（曲面拾取）"，如图 4-173 所示。点选"Mill Surface"选项，单击"Done（完成）"。

② 单击按钮以创建曲面，选择如图 4-174 所示的曲面（分两次选择，鼠标移动至前半个曲面上方，单击鼠标右键，然后单击鼠标左键，再单击鼠标左键，按住〈Ctrl〉键，鼠标移动至后半个曲面上方，单击鼠标右键，然后单击鼠标左键），单击按钮，再单击按钮，系统显示如图 4-175 所示的复制操控面板，单击按钮。

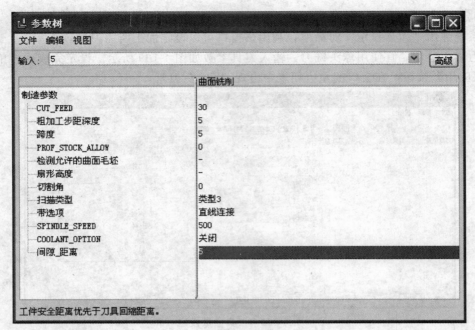

图 4-172　设定后的加工参数

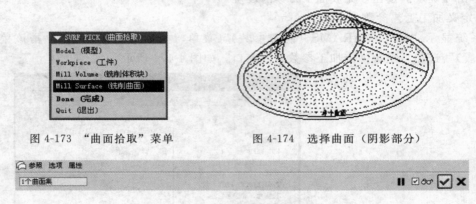

图 4-173　"曲面拾取"菜单　　　　　　图 4-174　选择曲面（阴影部分）

图 4-175　复制操控面板

③ 单击工作区右侧的 ✔ 按钮完成曲面的创建。

④ 系统显示如图 4-176 所示的"方向"菜单和如图 4-177 所示的箭头，并提示定义加工区域方向，单击"方向"菜单的"Flip（反向）"→"Okay（正向）"。

⑤ 系统显示如图 4-178 所示的菜单，选取"Select All"，"Done/Return"。

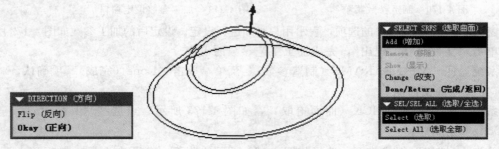

图 4-176　"方向"菜单　　　　图 4-177　方向显示　　　　图 4-178　"选取曲面"菜单

（6）曲面铣削方法及具体参数的定义（从上往下选线）

① 系统显示"切削定义"对话框，如图 4-179 所示，点选"切削线"选项，系统显示"切削线"设定选项卡，如图 4-180 所示，由于参数线是封闭的，所以选取"闭合环"项，然后单

击 ⊞ 按钮。

② 系统显示如图 4-181 所示的系列菜单，并且下边线显示为青色，点击 "CHOOSE（选取）"菜单中的 "Accept（接受）"项，点击 "CHAIN（链）"菜单中的 "Done"项，然后单击"增加/重定义切割线"中的【确定】按钮。完成一条参数线的设定，如图 4-182 所示。

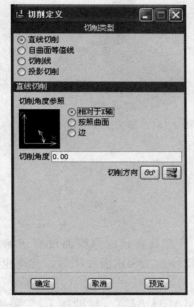

图 4-179 "切削定义"对话框

图 4-180 "切削线"设定选项卡

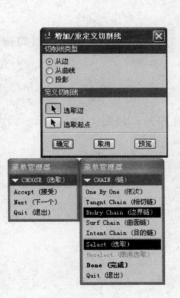

图 4-181 系列菜单

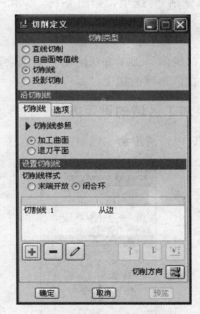

图 4-182 设定完一条参数线

③ 再次单击"切削定义"对话框中的 ⊞ 按钮，系统显示如图 4-181 所示的系列菜单，并且下边线显示为青色，点击 "CHOOSE（选取）"菜单中的 "Next（下一个）"项，上边线显示为青色，再点击 "CHOOSE（选取）"菜单中的 "Accept（接受）"项，然后点击 "CHAIN（链）"菜单中的 "Done"项，单击"增加/重定义切割线"中的【确定】按钮。完成第二条参数线的设定。

④ 单击"切削定义"对话框中的【确定】按钮，完成具体参数的定义。

（7）显示走刀轨迹 单击 "Play Path（演示轨迹）"→ "Screen Play（屏幕演示）"，显示"播放路径"对话框，单击其上的 ▶ 按钮，即可生成走刀轨迹，如图 4-183 所示。

（8）加工过程动态仿真 单击"Play Path（演示轨迹）"→"NC Check（NC 检测）"→"Run（运行）"，结果如图 4-184 所示。

（9）单击"Done Seq（完成序列）"项，完成曲面加工工序的定义。

图 4-183 走刀轨迹 　　　　图 4-184 加工过程仿真结果

4.8 清根加工

4.8.1 清根加工概述

清根加工的基本思想是将先前加工工序中，由于刀具直径的原因而没有切除的余量加工掉。通常，清根加工可跟在许多工序的后面，如体积块加工和曲面加工等，甚至也可以跟在另一个清根加工的后面。

在 Pro/NC 中，要进行清根加工，应该选取"MACH AUX（辅助加工）"菜单中的"Local Mill（局部铣削）"选项，如图 4-185 所示。

4.8.2 清根加工工序设置

选择"局部铣削"加工方法之后，系统会弹出"序列设置"菜单，可以勾选要在稍后设置的加工选项，在该选项前加上"√"标注。

4.8.3 清根加工区域的设定方法

在 Pro/NC 中，清根加工区域的设定方法主要有四种，如图 4-186 所示。

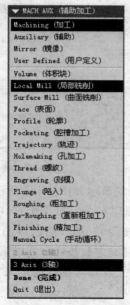

图 4-185 加工方法的设定　　　图 4-186 清根加工区域的设定方法

（1）NC 序列（Prev NC Seq） 去除"型腔加工"、"轮廓加工"、"曲面加工"或另一"清根加工"NC 序列之后剩下的材料，通常使用较小的刀具。如图 4-187 所示。

（2）顶角边（Corner Edges） 通过选取边指定要清除的一个或多个拐角。如图 4-188 所示。

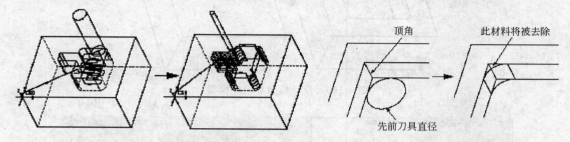

图 4-187 清根加工"上一 NC 序列"类型   图 4-188 清根加工"顶角边"类型

（3）根据先前刀具（By Prev Tool） 使用较大的刀具进行加工后，计算指定曲面上的剩余材料，然后使用当前的（较小）刀具去除此材料。

（4）铅笔描绘跟踪（Pencil Tracing） 通过沿顶角创建单一走刀刀具路径，清除所选曲面的边。

4.8.4 清根加工的常用加工参数

清根加工始终采用螺旋扫描算法来进行，即相当于"扫描类型"参数为"螺旋形切刀路径"，因此，ROUGH_OPTION 和 SCAN_TYPE 参数不适用于此数控加工序列类型。

图 4-189 所示为参数"CUT_TYPE"设置为"逆铣"、"顺铣"和"无"时刀具的走刀情况，如果 CUT_TYPE 设置为"逆铣"或"顺铣"，则将执行单向铣削。如果 CUT_TYPE 设置为"无"（此值只适用于清根加工），刀具将来回移动以清除材料。

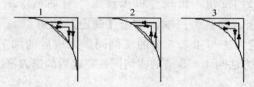

图 4-189 CUT_TYPE 为"逆铣"、"顺铣"和"无"时的走刀情况

其他加工参数的具体说明可参见前面加工类型的参数说明。

4.8.5 操作实例

步骤一：进入零件加工模块，新建制造文件

将工作目录设置为"chapter4"。

单击"文件"→"新建"→"制造"/"NC 组件"，输入文件名为 mfg08，接受"使用缺省模板"，单击【确定】按钮。

步骤二：创建制造模型

图 4-190 所示为构成制造模型的设计模型和毛坯模型。本例包括两道工序，即先用直径较大的刀具进行型腔加工，然后再用直径较小的刀具进行清根加工。

首先调出设计模型。单击"Mfg Model（制造模型）"→"Assemble（装配）"→"Ref Model（参照模型）"，选取 mfg08-model.prt，单击【打开】按钮，系统自动调出零件模型，同时出现装配操控面板，如图 4-191 所示。点击图 4-191 中箭头所指的"缺省"选项，再单击 ✔ 按钮，即可完成设计模型的装配。

再调出毛坯模型。单击"Assemble（装配）"→"Workpiece（工件）"，选取 mfg08-wp.prt，单击【打开】按钮，其余操作同上，可完成毛坯模型的装配。

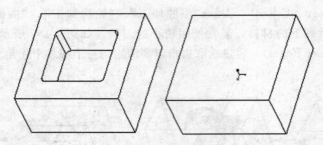

图 4-190　设计模型和毛坯模型

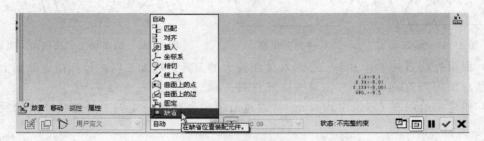

图 4-191　装配操控面板

最后，装配好的制造模型如图 4-192 所示。

步骤三：设置制造环境

在"MANUFACTURE（制造）"菜单中单击"Mfg Setup（制造设置）"项，系统显示"操作设置"对话框。

（1）操作名称　采用默认值 OP010。

（2）机床设置　点击 按钮，出现"机床设置"对话框，采用默认值，即机床名称为MACH01、机床类型为铣床、轴数为三轴，单击【确定】按钮。

（3）加工坐标系　设定方法与 4.3.5 节的实例同，完成后的加工坐标系如图 4-193 所示。

（4）退刀面设置　设定方法与 4.3.5 节的实例同，完成后的退刀平面 ADTM1 如图 4-194 所示。

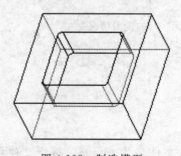

图 4-192　制造模型

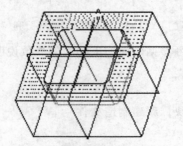

图 4-193　设定的加工坐标系

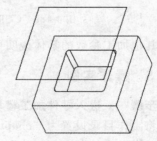

图 4-194　退刀平面

步骤四：定义型腔加工工序

系统显示"MACH AUX（辅助加工）"菜单〔若未弹出，可在"MANUFACTURE（制造）"菜单中单击"Machining（加工）"→"NC Sequence（NC 序列）"〕。

（1）定义加工方法　单击"Volume（体积块）"→"Done（完成）"。

（2）工序设置　本例仅定义加工的必需工艺参数：刀具、参数和 Volume 体积块，即接受图 4-195 菜单中的所有默认选项，然后单击"Done（完成）"项确认。

（3）定义刀具参数

① 系统弹出"刀具设定"对话框，利用该窗口可以设定加工所需刀具。

② 使用端铣刀，输入刀具参数如图 4-196 所示。设定完成后，单击该窗口中的【应用】按钮，在窗口的左边列表中出现"T01"刀具。

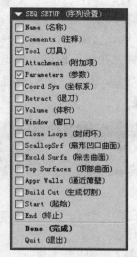

图 4-195　NC 工序需定义参数的选择菜单

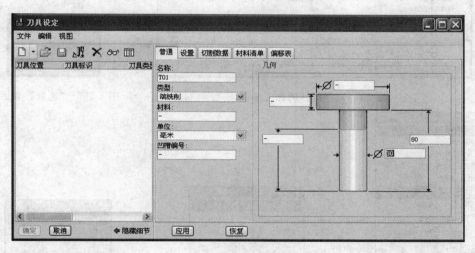

图 4-196　设定的刀具参数

③ 单击【确定】按钮，完成加工刀具的设定。

（4）定义加工工艺参数

① 系统显示"MFG PARAMS（制造参数）"菜单。单击该菜单中的"Set（设置）"选项，系统弹出加工参数设定窗口。

② 窗口中标记为"－1"的选项，表示用户必须进行设定。设定后的加工参数如图 4-197 所示。

③ 单击"文件"→"退出"，完成加工工艺参数的设定。

④ 系统返回"MFG PARAMS（制造参数）"菜单，单击"Done（完成）"项确认。

（5）定义加工表面区域

① 系统显示如图 4-198 所示的"选取"对话框，提示选取定义好的铣削体积块。在此单击工作区右侧的 按钮定义加工体积块，系统自动进入建模界面。

② 使用直接选取的方法来定义加工体积块。单击主菜单"编辑"→"收集体积块"，系统显示"聚合体积块"菜单，如图 4-199 所示。单击"Done"项。

③ 系统显示"GATEHR SEL（聚合选取）"菜单，如图 4-200 所示。单击"Features（特征）"选项，即以选择建模特征的方式来指定体积块，单击"Done"选项。

④ 系统显示"FEATURE REFS（特征参考）"菜单，如图 4-201 所示。点选如图 4-202 所示特征（操作方法为：鼠标移动至凹腔部位先点击鼠标右键，再点击左键），然后选择"Done Refs"→"Done"。

⑤ 单击 ✔ 按钮，完成体积块的创建。

（6）显示走刀轨迹 单击"Play Path（演示轨迹）" → "Screen Play（屏幕演示）"，显示"播放路径"对话框，单击其上的 ▶ 按钮，即可生成走刀轨迹，结果如图 4-203 所示。

（7）加工过程动态仿真 单击"Play Path（演示轨迹）" → "NC Check（NC 检测）" → "Run（运行）"，结果如图 4-204 所示。

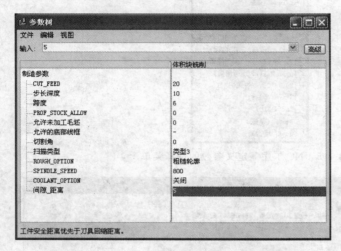

图 4-197 设定好的加工参数

图 4-198 "选取"对话框

图 4-199 "聚合体积块"菜单

图 4-200 "聚合选取"菜单

图 4-201 "特征参考"菜单

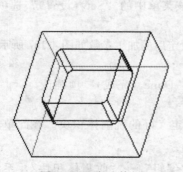

图 4-202 点选特征

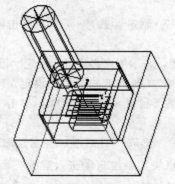

图 4-203 型腔加工走刀轨迹

图 4-204 加工过程仿真结果

由加工仿真可以发现，由于刀具直径较大，型腔的四个角部还有残留的材料，故要对角部进行精加工，即可采用清根加工。

（8）单击图 4-205 所示"NC Check（NC 检测）"菜单的"Save（保存）"项，系统弹出"保存副本"对话框，如图 4-206 所示，在"新建名称"文本框中输入 sequence1，将经过型腔加工工序加工后的形状加以保存。

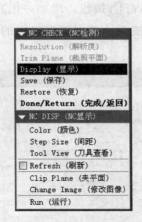

图 4-205　"NC Check（NC 检测）"菜单　　　　图 4-206　"保存副本"对话框

（9）点选"Done Seq（完成序列）"项，此时便完成了型腔加工工序的定义。

步骤五：定义清根加工工序

【NC Sequence（NC 序列）】→【新序列】。

（1）定义加工方法　单击"Local Mill（局部铣削）"→"Done（完成）"选项。

（2）指定创建清根加工的方法　"LOCAL OPT（局部选项）"菜单中的选项是系统提供的所有创建清根加工的方法。接受图 4-207 所示菜单中的默认选项，即切除前面某一工序的剩余材料，单击"Done（完成）"，单击图 4-208"选取特征"菜单中的"NC 序列"选项，然后选择 1：体积块铣削，Operation：OP010→切削运动♯1。

图 4-207　LOCAL OPT 菜单　　　　图 4-208　"选取特征"菜单

（3）工序设置　图 4-209 所示"序列设置"菜单中的默认选项仅为"Parameters（参数）"一项，应加选"Tool（刀具）"项，如图 4-210 所示，即重新定义刀具和加工参数，然后单击"Done（完成）"项确认。

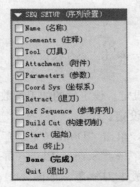

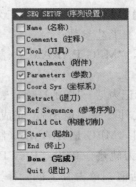

图 4-209　"序列设置"菜单　　　　图 4-210　加选"Tool"项

（4）定义刀具参数

① 系统弹出"刀具设定"对话框，如图 4-211 所示。利用该窗口可以设定加工所需刀具。

② 可看到已存在一把型腔加工所用的刀具，现可单击 □ 按钮，增加一把直径较小的刀具用于清根加工，输入刀具参数如图 4-212 所示。设定完成后，单击该窗口中的【应用】按钮，在窗口的左方列表中增加了"T02"刀具。

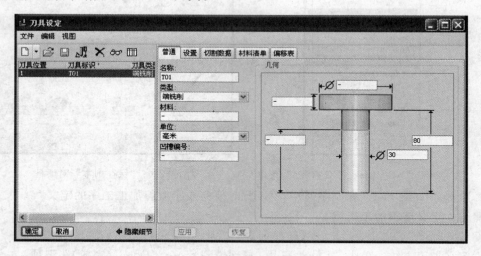

图 4-211　"刀具设定"对话框

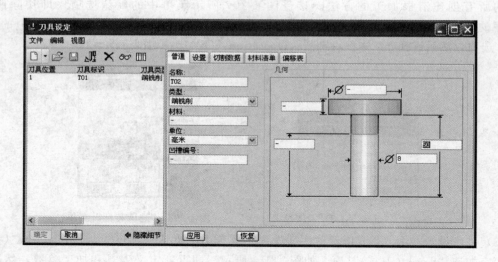

图 4-212　设定的刀具参数

③ 单击【确定】按钮，完成加工刀具的设定。

（5）定义加工工艺参数

① 系统显示"MFG PARAMS（制造参数）"菜单，单击"Set（设置）"选项，系统弹出加工参数设定窗口。

② 窗口中标记为"－1"的选项，表示用户必须进行设定。设定后的加工参数如图 4-213 所示。

③ 单击"文件"→"退出"，完成加工工艺参数的设定。

④ 系统返回"MFG PARAMS（制造参数）"菜单，单击"Done（完成）"项确认。

（6）显示走刀轨迹　单击"Play Path（演示轨迹）"→"Screen Play（屏幕演示）"，显示"播放路径"对话框，单击其上的　▶　按钮，即可生成走刀轨迹，如图 4-214 所示。

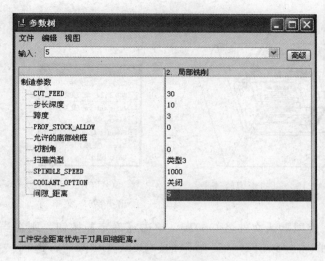

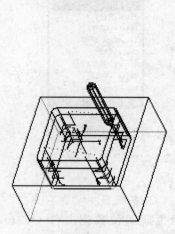

图 4-213 设定后的加工参数   图 4-214 清根加工走刀轨迹

（7）加工过程动态仿真　单击"Play Path（演示轨迹）"→"NC Check（NC 检测）"→"Restore（恢复）"，打开 sequence1.ncl，使工作区显示前道工序加工后的形状，单击"Display"→"Run（运行）"，结果如图 4-215 所示。

（8）点选"Done Seq（完成序列）"项，此时便完成了清根加工工序的定义。

步骤六：两个加工工序的连接

（1）单击"MANUFACTURE（制造）"菜单中的"CL Data（CL 数据）"选项，系统显示"CL DATA（CL 数据）"菜单，如图 4-216 所示。

（2）接受"CL DATA（CL 数据）"菜单中的默认项"输出"和"OUTPUT（输出）"菜单中的默认项，点选图 4-217 所示"SELECT FEAT（选取特征）"菜单中的"Operation（操作）"项，系统弹出"选取菜单"，点击"OP010"。

图 4-215 加工过程仿真结果   图 4-216 CL 数据菜单   图 4-217 选取特征菜单

（3）系统弹出"PATH（轨迹）"菜单，如图 4-218 所示，接受默认选项"Display（显示）"项，单击"Done（完成）"。系统显示"播放路径"对话框，单击其上的 ▶ 按钮，即可生成两个加工工序连接后的走刀轨迹，如图 4-219 所示。

（4）单击"播放路径"对话框上的 关闭 按钮，退回"PATH（轨迹）"菜单，再点选"File（文件）"项，弹出"OUTPUT TYPE（输出类型）"菜单，如图 4-220 所示，接受默认项，点击"Done（完成）"。

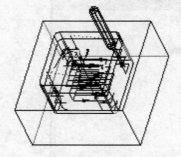

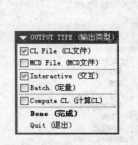

图 4-218　PATH（轨迹）菜单　　图 4-219　总的走刀轨迹　　图 4-220　"OUTPUT TYPE（输出类型）"菜单

（5）系统显示"保存文件"窗口，使用默认文件名 Op010，单击【确定】按钮，则在当前目录生成刀位数据文件 Op010.ncl。单击"PATH"菜单中的"Done Output"，返回"CL DATA"菜单。

（6）进行加工仿真。单击"CL DATA（CL 数据）"菜单中的"NC Check（NC 检测）"菜单项，系统弹出"NC Check（NC 检测）"菜单和"NC DISP（NC 显示）"菜单，单击"Run（运行）"菜单项。

（7）系统弹出"打开"窗口，选择 Op010.ncl，即可开始材料去除的动态模拟。结果如图 4-221 所示。

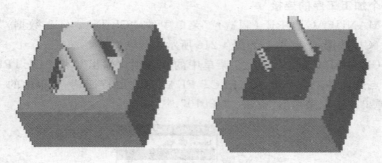

图 4-221　加工过程动态仿真结果

4.9　雕刻加工

4.9.1　雕刻加工概述

雕刻铣削加工是机械加工中经常使用的一种加工方法，可以用来雕刻文字或图像。

雕刻铣削一般是对凹槽（Groove）修饰特征进行加工，刀具沿凹槽修饰特征运动，刀具直径决定切削宽度，GROOVE_DEPTH 参数决定切削深度。雕刻铣削可以指定为三轴或五轴加工。

在 Pro/NC 中，要进行雕刻加工，应该选取"MACH AUX（辅助加工）"菜单中的"Engraving（刻模）"选项，如图 4-222 所示。

4.9.2　雕刻加工工序设置

选择"刻模"加工方法后，系统会弹出如图 4-223 所示的"序列设置"菜单，可以勾选要在稍后设置的加工选项，当然系统会默认地选上常用选项如刀具、参数、槽特征，如果要进行其他选项的设置，可在该选项前加上"√"标注。

图 4-222　加工方法的设定　　　　图 4-223　"序列设置"菜单

4.9.3　雕刻加工区域的设定方法

进行雕刻加工时，需要设置加工所用的凹槽修饰特征，如图 4-224 所示，利用该菜单直接选取即可。

图 4-224　凹槽修饰特征的选取

4.9.4　雕刻加工的常用加工参数

雕刻加工过程中，"坡口深度"选项用于设置加工深度，常用单位为 mm。

其他加工参数可参见前述加工类型的参数说明。

4.9.5　操作实例

步骤一：进入零件加工模块，新建制造文件

将工作目录设置为"chapter4"。

单击"文件"→"新建"→"制造"/"NC 组件"，输入文件名为 mfg09，接受"使用缺省模板"，单击【确定】按钮。

步骤二：创建制造模型

图 4-225 所示为构成制造模型的设计模型和毛坯模型。

首先调出设计模型。单击"Mfg Model（制造模型）"→"Assemble（装配）"→"Ref Model（参照模型）"，选取 mfg09-model.prt，单击【打开】按钮，系统自动调出零件模型，同时出现装配操控面板，如图 4-226 所示。点击图 4-226 中箭头所指的"缺省"选项，再单击 ✅ 按钮，即可完成设计模型的装配。

再调出毛坯模型。单击"Assemble（装配）"→"Workpiece（工件）"，选取 mfg09-wp.prt，单击【打开】按钮，其余操作同上，可完成毛坯模型的装配。

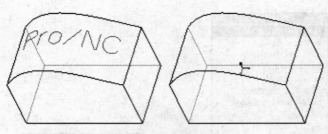

图 4-225　设计模型和毛坯模型

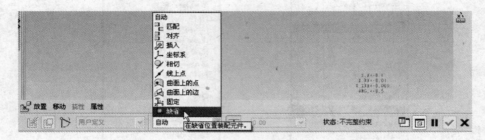

图 4-226　装配操控面板

最后，装配好的制造模型如图 4-227 所示。

步骤三：设置制造环境

在"MANUFACTURE（制造）"菜单中单击"Mfg Setup（制造设置）"项，系统显示"操作设置"对话框。

（1）操作名称　采用默认值 OP010。

（2）机床设置　点击 按钮，出现"机床设置"对话框，采用默认值，即机床名称为 MACH01、机床类型为铣床、轴数为三轴，单击【确定】按钮。

（3）确定加工坐标系

① 点击"操作设置"对话框中"加工零点"右侧的 按钮，出现"MACH CSYS（制造坐标系）"菜单和"选取"对话框，如图 4-228 所示。

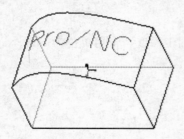

图 4-227　制造模型

图 4-228　制造坐标系设定菜单

② 单击工作区右侧的 按钮，系统显示"坐标系"对话框，如图 4-229 所示。

③ 选择毛坯模型的左侧面，再按住〈Ctrl〉键依次点选毛坯模型的前面和下表面，此时系统显示 X、Y 和 Z 轴，如图 4-230 所示，若三轴次序有误或方向不对，可点选"坐标系"对话框的"定向"选项卡，如图 4-231 所示，点击第一个"反向"按钮，使 X 轴正方向指向右方，点击第二个"反向"按钮，使 Y 轴正方向指向后方。Z 轴正方向则由右手规则确定为向上。

④ 设定完成后的加工坐标系如图 4-232 所示。如果不符合要求，可返回第③步重新定义。

⑤ 单击【确定】按钮，可完成加工坐标系的设置。

（4）退刀面设置

① 点击"操作设置"对话框中"退刀"选项下"曲面"右侧的 按钮，出现"退刀选

106

取"对话框，要求设定退刀平面。

② 单击窗口中的"沿 Z 轴"，系统自动将光标移到对话框下方的"输入 Z 深度"处，输入数值 80，然后单击【确定】按钮，生成退刀平面 ADTM1，如图 4-233 所示。

③ 点击"操作设置"对话框中的【确定】按钮，完成加工环境的设置。

步骤四：定义数控工序

系统显示"MACH AUX（辅助加工）"菜单［若未弹出，可在"MANUFACTURE（制造）"菜单中单击"Machining（加工）"→"NC Sequence（NC 序列）"］。

（1）定义加工方法　单击"Engraving（刻模）"→"Done（完成）"。

（2）工序设置　本例仅定义雕刻加工的必需工艺参数：刀具、参数和槽特征，即接受图 4-234 菜单中的所有默认选项，然后单击"Done（完成）"项确认。

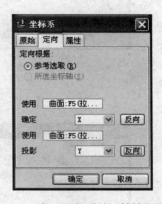

图 4-229　加工坐标系设定窗口　　图 4-230　显示的三个轴　　图 4-231　加工坐标系的三轴轴向设定

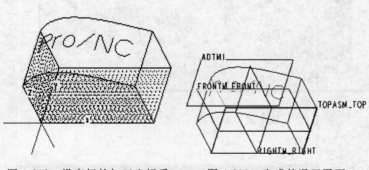

图 4-232　设定好的加工坐标系　　图 4-233　生成的退刀平面　　图 4-234　"序列设置"菜单

（3）定义刀具参数

① 系统弹出"刀具设定"对话框，如图 4-235 所示，利用该窗口可以设定加工所需刀具。

② 输入刀具参数如图 4-236 所示。设定完成后，单击该窗口中的【应用】按钮，在窗口的左边列表中出现"T01"刀具。

③ 单击【确定】按钮，完成加工刀具的设定。

（4）定义加工工艺参数

① 系统显示"MFG PARAMS（制造参数）"菜单，如图 4-237 所示。单击该菜单中的"Set（设置）"选项，系统弹出加工参数设定窗口，如图 4-238 所示。

② 窗口中标记为"－1"的选项，表示用户必须进行设定。设定后的加工参数如图 4-239 所示。

③ 单击"文件"→"退出"，完成加工工艺参数的设定。

④ 系统返回"MFG PARAMS（制造参数）"菜单，单击"Done（完成）"项确认。

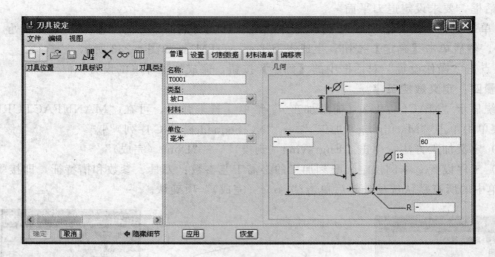

图 4-235 "刀具设定"对话框

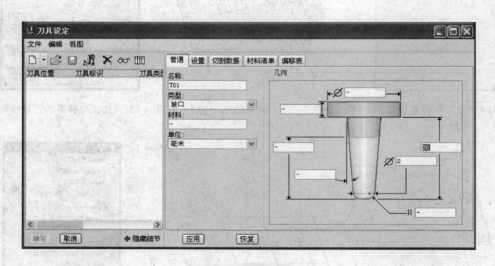

图 4-236 设定的刀具参数

图 4-237 制造参数菜单

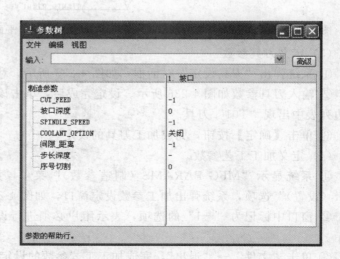

图 4-238 加工参数设定窗口

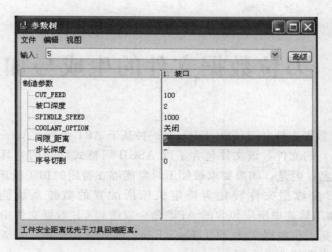

图 4-239　设定好的加工参数

（5）凹槽修饰特征的选取

系统显示"SELECT GRVS"（选择凹槽）菜单和"选取"对话框，如图 4-240 所示，单击如图 4-241 所示设计模型上的凹槽修饰特征，再单击"选取"菜单的【确定】按钮，最后单击"SELECT GRVS"菜单的"Done/Return"项完成凹槽特征的选取。

（6）显示走刀轨迹　单击"Play Path（演示轨迹）"→"Screen Play（屏幕演示）"，显示"播放路径"对话框，单击其上的 ▶ 按钮，即可生成走刀轨迹，如图 4-242 所示。

（7）加工过程动态仿真　单击"Play Path（演示轨迹）"→"NC Check（NC 检测）"→"Run（运行）"，如图 4-243 所示。

（8）点选"Done Seq（完成序列）"项，此时便完成了 NC 工序的定义。

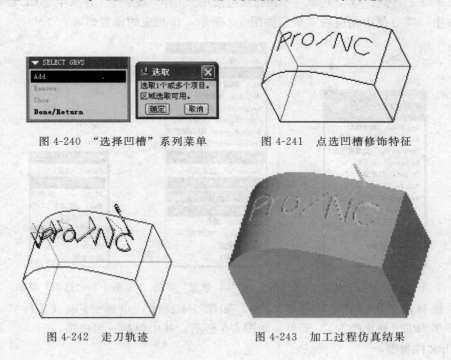

图 4-240　"选择凹槽"系列菜单　　　　图 4-241　点选凹槽修饰特征

图 4-242　走刀轨迹　　　　　图 4-243　加工过程仿真结果

第5章 刀位数据文件的生成与加工模拟

Pro/NC 中的刀位数据文件（CL Data File）是一种基于 APT 语言（Automatically Programmed Tools，自动编程工具）的文件，该文件包含了以 ASCII 码格式存储的刀具运动轨迹和加工工艺参数等重要数据信息。但是，如果要求被加工对象能够在特定的加工机床上进行加工，则还需要通过后处理把刀位数据文件转化为特定机床所配置的数控系统能识别的数控代码。Pro/NC自动将数控加工轨迹中所应包含的 APT 命令发送到 CL 数据文件中。

本章内容主要包括刀位数据文件（CL Data File）的创建和编辑、加工过程的仿真、过切检测，后处理的内容将在第 6 章介绍。

5.1 创建刀位数据文件

以下是创建刀位数据文件的一般步骤，具体实例可以参考 4.8.5 节操作实例中的步骤六。

（1）单击图 5-1 "MANUFACTURE（制造）"菜单中的"CL Data（CL 数据）"选项，系统显示"CL DATA（CL 数据）"菜单，如图 5-2 所示。

（2）接受"CL DATA（CL 数据）"菜单中的默认项"输出"，如图 5-2 所示，弹出的"OUTPUT（输出）"菜单中有两个选项：

- "Select Set（选取组）"：通过创建一个组来生成多个操作或工序的 CL 数据文件。
- "Select One（选取一）"：选取一个操作（包括几个工序）或一个工序来生成 CL 数据文件。

点选其中一项会弹出相应的菜单，如图 5-3 所示，作相应的设置即可。

图 5-1 "制造"菜单

图 5-2 "CL 数据"菜单

图 5-3 "选取"菜单

（3）系统弹出"PATH（轨迹）"菜单，如图 5-4 所示，点选"File（文件）"项，弹出"OUTPUT TYPE（输出类型）"菜单，如图 5-5 所示，其中包括三组选项：

① 输出文件类型

- CL File：生成 CL 数据文件。
- MCD File：生成 MCD（后置处理）文件。系统首先生成 CL 数据文件，然后对其进行后置处理。

② 执行刀具路径计算的方式

- Interactive：交互的方式，在当前进程中执行刀具路径计算。
- Batch：批处理方式，作为单独过程以批处理模式执行刀具路径计算，该选项允许在后台执行刀具路径计算，使用户可在刀具计算过程中进行其他工作，但必须在刀具路径计算完成之前避免处理模型。

③ Compute CL：重新计算 CL 数据。

图 5-4 "PATH（轨迹）"菜单　　图 5-5 "OUTPUT TYPE（输出类型）"菜单

一般在操作时采用系统默认选项即可，即只输出 CL 数据文件，在当前进程中执行刀具路径计算。

（4）系统显示"保存副本"窗口，如图 5-6 所示，使用默认文件名 op010 或自定义文件名，单击【确定】按钮，则在当前目录生成刀位数据文件 op010.ncl 或自定义文件名.ncl。单击 "PATH" 菜单中的 "Done Output"，接着单击如图 5-7 所示 "CL DATA" 菜单中的 "Done/Return" 项，返回"制造"菜单。

 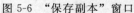 

图 5-6 "保存副本"窗口　　　　图 5-7 "CL 数据"菜单

5.2 编辑刀位数据文件

5.2.1 一般步骤

刀位数据文件创建后，可以对其进行编辑，并随即查看编辑后的刀具路径。

选择"CL DATA（CL 数据）"菜单中的"Edit（编辑）"选项，可以对某操作或某工序的 CL 数据进行查看或编辑。对 CL 数据的改变只能在输出 CL 数据时重新回放。操作步骤如下：

(1) 单击"Edit（编辑）"选项，系统弹出"选取特征"菜单，如图 5-8 所示，在此选取一个操作（包括几个工序）或一个工序来编辑该操作或工序的 CL 数据文件。

(2) 系统随后显示"确认信息"菜单，如图 5-9 所示，并提示"请确认新 CL 文件的创建。"，即询问用户是否要重新生成一个 CL 数据文件进行编辑。

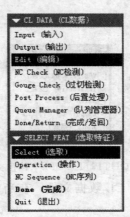
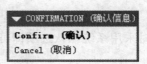

图 5-8　"CL DATA（CL 数据）"菜单　　　　　图 5-9　"确认信息"菜单

● "Confirm"：为创建新文件，在文件中输出此操作的当前 CL 数据，并将其显示在屏幕顶部的文本窗口中以进行编辑。

● "Cancle"：不创建新文件，而是编辑此操作的现有 CL 文件，然而，在这种情况下，将要编辑的是文件而不是当前操作数据。例如，在 CL 数据最后输出后，又对此数据进行了更改，那么这些更改将不能再编辑。

这里一般选取"Confirm"项，即将 CL 数据输出到新文件中，这样可以确保反映所有最新的更改。

(3) 系统显示"保存副本"对话框，如图 5-10 所示，在"新建名称"栏中输入新的名称，如 op010-new，单击【确定】按钮，则系统显示"信息窗口"和"CL 编辑"菜单，如图 5-11

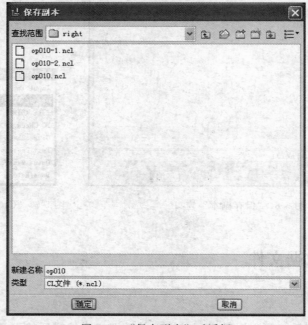

图 5-10　"保存副本"对话框

和图 5-12 所示，这时即可以用"CL 编辑"菜单中的选项对"信息窗口"中显示的刀位数据命令和加工参数等加以编辑。

```
信息窗口 (F:\proe exms\my book\right\op010-new.ncl.1)
文件 编辑 视图
 1 $$*          Pro/CLfile  Version Wildfire 2.0 - M040
 2 $$-> MFGNO / MFG08
 3 PARTNO / MFG08
 4 $$-> FEATNO / 24
 5 MACHIN / UNCX01, 1
 6 $$-> CUTCOM_GEOMETRY_TYPE / OUTPUT_ON_CENTER
 7 UNITS / MM
 8 LOADTL / 1
 9 $$-> CUTTER / 30.000000
10 $$-> CSYS / 1.0000000000, 0.0000000000, 0.0000000000, 0.0000000000, $
11              0.0000000000, 1.0000000000, 0.0000000000, 0.0000000000, $
12              0.0000000000, 0.0000000000, 1.0000000000, 0.0000000000
13 SPINDL / RPM, 800.000000,  CLW
14 RAPID
15 GOTO / 15.0000000000, -15.0000000000, 10.0000000000
16 RAPID
17 GOTO / 15.0000000000, -15.0000000000, 5.0000000000
18 FEDRAT / 20.000000,  MMPM
19 GOTO / 15.0000000000, -15.0000000000, -10.0000000000
20 GOTO / -14.9999999607, -15.0000000000, -10.0000000000
21 GOTO / -14.9999999607, -9.0000000632, -10.0000000000
22 GOTO / 15.0000000000, -9.0000000632, -10.0000000000
23 GOTO / 15.0000000000, -2.9999999684, -10.0000000000
24 GOTO / -14.9999999607, -2.9999999684, -10.0000000000
```

图 5-11　信息窗口

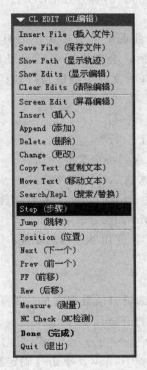

图 5-12　"CL 编辑"菜单

可用的编辑命令如下。

（1）"Insert File（插入文件）"：在 CL 文件的当前行前面插入一个文件。

（2）"Save File（保存文件）"：按当前的样子保存 CL 文件。可输入不同的文件名。

（3）"Show Path（显示轨迹）"：显示从文件开始处到当前位置的刀具路径。

（4）"Show Edits（显示编辑）"：引出信息窗口，列出在 CL 数据文件中所作的所有更改。

信息包括行号、执行的编辑功能和增加的 CL 命令。

（5）"Clear Edits（清除编辑）"：删除对 CL 数据文件所作的任何更改。

（6）"Screen Edit（屏幕编辑）"：进入屏幕编辑模式。

（7）"Insert（插入）"：在当前行前，为 CL 文件增加任何有效行。

（8）"Append（添加）"：在当前行后，为 CL 文件增加任何有效行。

（9）"Delete（删除）"：从当前行开始删除指定数量的行。输入要删除的行数（默认为 1）。如果输入 0，不删除任何行。

（10）"Change（更改）"：改变当前行。CL 命令必须相同。

（11）"Copy Text（复制文本）"：将 CL 文件中的行复制到另一位置。通过输入第一行和最后一行的行号来选取行的范围（如果只复制一行，则在两次提示下输入同一行号），然后输入目标行号。

（12）"Move text（移动文本）"：将 CL 文件中的行移动到另一位置。如同对复制文本一样处理，但移动文件与它的区别是所选的行将从原始位置删除。

（13）"Search/Repl（搜索/替换）"：开始自动替换过程。

（14）"Step（步骤）"：在 CL 文件中逐步移动，显示路线上每一行的刀具和路径。

（15）"Jump（跳转）"：直接移动到指定行，不显示刀具路径。刀具会立即显示在新位置处。

（16）"Position（位置）"：通过行号或通过选取点来定位文件。选择该项时，会有以下两个选项：

• "Line（直线）"：通过输入要转到的行号在 CL 文件（及屏幕上的刀具）中定位光标。有效范围显示在提示中。

• "Pick（拾取）"：在被加工的曲面上选取要定位刀具处的近似点。系统将插入选取的坐标以确定附近可用的刀具位置。之后，会在提示中显示刀具坐标，并要求确认。如果回答 Y，则刀具将移动到此位置，光标置于 CL 文件中的适当行处；如果回答 N，则其位置不变，可另行选取。

（17）"Next（下一个）"：转到下一行。

（18）"Prev（前一个）"：转到上一行。

（19）"FF（前移）"：向前搜索直到特定文本样式。

（20）"Rew（后移）"：向后搜索直到特定文本样式。

（21）"Measure（测量）"：使用 Pro/Engineer 测量功能以计算刀具干涉、间隙。其功能与 "CL CONTROL" 菜单中的 "CL Measure" 选项相同。

（22）"NC Check（NC 检测）"：使用 NC 检测功能。

5.2.2 操作实例

以 4.8.5 节的实例为基础进行编辑刀位数据文件的简单练习。

（1）单击 "File" → "open"，打开 mfg08. mfg。

（2）单击 "CL Data" → "Edit" → "Operation"，打开 op010。

（3）单击 "Confirm" →输入 op010-new，单击【确定】按钮。

（4）单击 "Position"，在文本框中输入 13，确认。

（5）单击 "Change" →键盘，在文本框中显示 "SPINDL/RPM，800.000000，CLW"，将 800 改为 1000，即文本框中的内容为 "SPINDL/RPM，1000.000000，CLW"，确认。

（6）系统提示 "输入要增补的行 "退出""；在此不输入。

（7）把 "信息窗口" 拖到一旁，显示制造模型，单击 "显示编辑"，→ "Volume Milling" → "CHANGE OF Line 13"，系统弹出 "信息窗口"，如图 5-13 所示，显示在 CL 数据文件中所作的更改。单击【关闭】按钮可关闭该窗口。

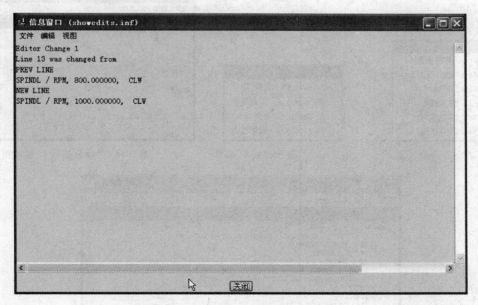

图 5-13　信息窗口

（8）选择 Position，在文本框中输入 50 后确认。系统显示从第 1～50 行的刀具运动轨迹。

（9）"显示轨迹"可观察到连续的走刀路径。

（10）可连续单击【Next】按钮，观察刀具每一步的走刀路径。

（11）单击 "CL DATA" 菜单中的 "Done" 项可以退出编辑，并以输入的文件名保存修改后的 CL 文件。

5.3　基于工步与工序的加工过程仿真

在完整地设定某一加工工序或完成某操作定义后，Pro/NC 可以显示刀具的走刀路径，也可以对材料去除的加工过程做动态模拟仿真，以校验刀具路径，并对刀具与夹具和制造模型在加工过程中可能发生的干涉进行可视化检测。

加工过程仿真可分为两种情况，即基于工序的加工过程仿真和基于刀位文件的加工过程仿真。例如，在 4.8.5 节的实例中，步骤四为"型腔加工工序"，步骤五为"清根加工工序"，这两个步骤中分别进行了基于各工序的加工过程仿真，而在步骤六中完成了两道加工工序的连接后就进行了基于刀位文件的加工过程仿真。

一般来说，在完成每道工序定义前［即单击 "Done Seq（完成序列）" 前］，要分别做加工过程仿真，然后在进行后置处理前再进行基于刀位文件的加工过程仿真。

5.3.1　显示走刀轨迹

5.3.1.1　显示工序走刀轨迹

在完成某道工序定义前，可以显示该工序的走刀轨迹，其操作步骤如下。

（1）单击图 5-14 "NC 序列" 菜单的 "Play Path（演示轨迹）" 项，系统显示 "演示路径" 菜单，如图 5-15 所示，单击其中的 "Screen Play（屏幕演示）" 选项，显示 "播放路径" 对话框，如图 5-16 所示，并在初始位置显示模拟切削刀具。

（2）"播放路径" 对话框由三部分组成，即下拉式菜单栏、刀位数据区域和操作按钮区域。单击中部的 "CL 数据" 文本或其前面的箭头符号，即可打开刀位数据区域，如图 5-17 所示。

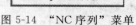

图 5-14 "NC 序列"菜单

图 5-15 "演示路径"菜单

图 5-16 "播放路径"对话框

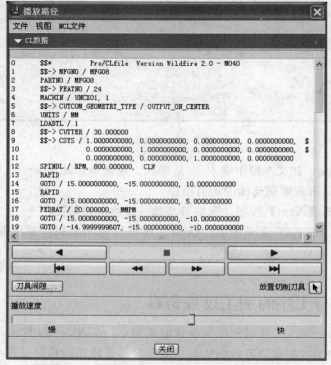

图 5-17 打开刀位数据区域的"播放路径"对话框

（3）单击"向前播放"按钮 ▶ 可以开始演示刀具运动。系统开始滚动 CL 数据文件，同时移动刀具在屏幕上反映其当前位置。红色实线代表刀具切割材料时的刀尖。

（4）单击"停止"按钮 ■ 可以停止刀具运动的显示。刀具也能在到达 CL 文件中放置的断点处停止（由出现在 CL 记录左侧的红色向下箭头 ▼ 指示，单击某一行 CL 记录，单击鼠标右键，选择"添加断点"项，即可完成添加断点操作）。根据需要，可使用"播放路径"对话框中的其他刀具定位选项。

◀：重新播放。从刀具的当前位置返回，向前滚动 CL 数据文件并显示刀具运动。

|◀◀：转到上一条 CL 记录。转到文件中的上一条 CL 记录处。

◀◀：返回。返回到刀具路径的开始。

▶▶：快进。快进到刀具路径的结尾。

▶▶|：转到下一条 CL 记录。转到文件中的下一 CL 条记录处。

（5）可以将当前刀具路径保存到 CL 或 MCD 文件中。分别单击对话框中的"文件"→"保存"或"文件"→"另存为 MCD"选项，即可以完成此操作。

（6）单击【关闭】按钮，完成刀具运动轨迹的显示，关闭"播放路径"对话框。

5.3.1.2　显示操作走刀轨迹

显示某操作（包括多工序）的走刀轨迹的操作步骤如下。

（1）单击图 5-18 "MANUFACTURE（制造）"菜单中的 "CL Data（CL 数据）"选项，系统显示 "CL DATA（CL 数据）"菜单，如图 5-19 所示。

（2）接受 "CL DATA（CL 数据）"菜单中的默认项 "输出"，弹出的 "OUTPUT（输出）"菜单中有如下两个选项。

- "Select Set（选取组）"：通过创建一个组来生成多个操作或工序的 CL 数据文件。
- "Select One（选取一）"：选取一个操作（包括几个工序）或一个工序来生成 CL 数据文件。

点选其中一项会弹出相应的菜单，如图 5-20 所示，做相应的设置即可。

（3）系统弹出 "PATH（轨迹）"菜单，如图 5-21 所示，接受默认项 "Display（显示）"，单击"演示路径"菜单的 "Done"项。"演示路径"菜单中的 "Compute CL"项为重新计算 CL 数据。

| 图 5-18　"制造" 菜单 | 图 5-19　"CL 数据" 菜单 | 图 5-20　"选取" 菜单 | 图 5-21　"PATH（轨迹）"菜单 |

（4）系统显示"播放路径"对话框，并在初始位置显示模拟切削刀具。其他操作同"显示工序走刀轨迹"的内容。

当然，也可以从此界面来显示某一工序中刀具的走刀轨迹。

5.3.2　加工过程动态仿真

在 Pro/NC 中，加工过程的动态仿真是通过 "NC 检测（NC Check）"选项来完成的。

通过设置配置选项 nccheck_type，可以控制使用哪一个 NC 检测模拟模块。nccheck_type 的值如下。

- vericut（为默认值）：使用 CGTech 提供的 vericut 来进行加工仿真，如图 5-22 所示，功能较强，但运行时间长。
- nccheck：使用 Pro/NC-CHECK 模块时，功能较弱且单一，但比较方便，所以一般用该项来仿真。

通过选取 Pro/Engineer 主菜单"工具（Tools）"下的 "Options（选项）"项，可以打开系统环境参数的设置窗口，并进行 nccheck_type 参数值的设置。

在完成某道工序定义前，可以对该工序的加工过程进行仿真，其操作步骤如下。

（1）单击图 5-23 "NC 序列"菜单中的 "Play Path（演示轨迹）"项，系统显示"演示路径"菜单，如图 5-24 所示，单击其中的 "NC Check（NC 检测）"选项。

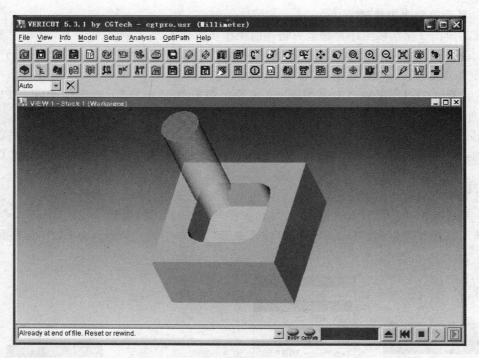

图 5-22　使用 CGTech 提供的 vericut 进行加工仿真

（2）系统显示"NC CHECK（NC 检测）"菜单，单击"Run（运行）"即开始仿真。

（3）仿真完成后，"NC CHECK（NC 检测）"菜单改变为如图 5-25 所示的形式，"NC 显示"菜单中的各项含义分别如下。

图 5-23　"NC 序列"菜单　　图 5-24　"演示路径"菜单　　图 5-25　"NC 检测"菜单

- "Color（颜色）"：设置被加工面加工后的颜色。
- "Step Size（间距）"：如图 5-26 所示，设置步长，控制刀具连续显示的频率。选择该项时会有两个选项，即"Enter"和"Automatic"。默认设置为"Automatic"，系统以产生最快的显示来自动计算步长，再次运行 NC 检测前一般应点击"Enter"项设置较小的步长，以便观察。
- "Tool View（刀具查看）"：控制刀具显示。
- "Refresh（刷新）"：再次运行 NC 检测是否刷新显示。如果要再次观察同一仿真过程，必须点选该项。
- "Clip Plane（修剪平面）"：修改修剪仿真图像的平面。
- "Change Image（修改图像）"：修改 NC 检测过程中模型的视图比例、位置和方向。

可修改步长，并点选"Refresh"项，再次运行 NC 检测，可以单击主窗口右下角的停止标记●来中断 NC 检测过程。

（4）可以单击"NC CHECK（NC 检测）"菜单的"Save"和"Restore"项保存及恢复 NC 检测图像。

（5）单击如图 5-27 所示"NC CHECK（NC 检测）"菜单中的"Done/Return"项完成加工过程仿真。

图 5-26   设置步长   图 5-27   "NC CHECK（NC 检测）"菜单

5.4   基于刀位文件的加工过程仿真

5.4.1   显示走刀轨迹

若要显示已保存的刀位文件的走刀轨迹，其操作步骤如下。

（1）单击图 5-28"MANUFACTURE（制造）"菜单中的"CL Data（CL 数据）"选项，系统显示"CL DATA（CL 数据）"菜单，如图 5-29 所示。

图 5-28   "制造"菜单   图 5-29   "CL 数据"菜单

（2）单击"CL DATA（CL 数据）"菜单中的"输入"项，系统弹出"打开"对话框，如图 5-30 所示，选择所用的刀位文件，然后单击【打开】按钮，系统即开始仿真。

（3）系统显示"DISPLAY CL（显示 CL）"菜单，如图 5-31 所示，单击"Done/Return"，系统即执行刀位文件，并最后显示刀具运动轨迹。

图 5-30 "打开"对话框   图 5-31 "DISPLAY CL(显示 CL)"菜单

5.4.2 加工过程动态仿真

基于刀位文件的加工过程仿真的操作步骤如下。

(1) 单击图 5-32 "MANUFACTURE(制造)"菜单中的"CL Data(CL 数据)"选项，系统显示"CL DATA(CL 数据)"菜单，如图 5-33 所示。

(2) 单击"CL DATA(CL 数据)"菜单中的"NC Check(NC 检测)"选项，系统显示"NC CHECK(NC 检测)"菜单，如图 5-34 所示。

图 5-32 "制造"菜单   图 5-33 "CL 数据"菜单   图 5-34 "NC CHECK(NC 检测)"菜单

(3) 单击"Run(运行)"项，系统弹出"打开"对话框，如图 5-35 所示，要求选择随后的加工过程仿真所用的刀位文件。选择某一刀位文件并单击【打开】按钮，系统即开始仿真。

(4) 要更改加工仿真所用的刀位文件，可以选择"NC DISP(NC 显示)"菜单的"Filename(文件名)"项，再次弹出"打开"对话框，选择其他文件即可。

(5) 其余操作可以参考 5.3.2 节的内容。

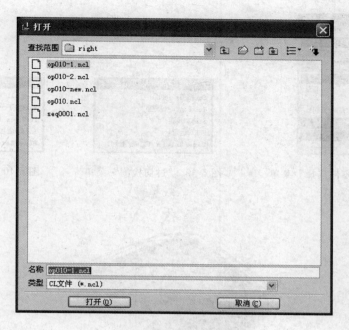

图 5-35　"打开"对话框

5.5　加工过切检测

在生成刀具路径后，可以检测其是否对加工零件产生过切行为，以避免零件报废、刀具损坏等严重后果。其步骤如下。

（1）在"PLAY PATH（演示路径）"菜单或"CL DATA（CL 数据）"菜单中单击"Gouge Check（过切检测）"，如图 5-36 和图 5-37 所示。

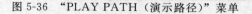

图 5-36　"PLAY PATH（演示路径）"菜单　　　图 5-37　"CL DATA（CL 数据）"菜单

（2）系统显示如图 5-38 所示的菜单，在此选取要进行检测的曲面或零件。

（3）选取完成后，单击"选取曲面"菜单的"Done/Return（完成/返回）"项，再单击"曲面零件选择"菜单的"Done/Return（完成/返回）"项。

（4）系统显示如图 5-39 所示的菜单，单击"Run（运行）"项，系统将自动计算过切的数据点。

（5）如果没有发现过切行为，系统将提示"▨ 没有发现过切"，反之，如果发现过切行为，则系统显示"显示过切"菜单，如图 5-40 所示。单击其中的选项，可显示过切的数据点及数据信息，如图 5-41 和图 5-42 所示。

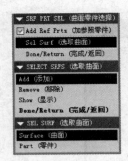

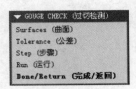

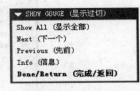

SRF PRT SEL (曲面零件选择)
Add Ref Prts (加参照零件)
Sel Surf (选取曲面)
Done/Return (完成/返回)
SELECT SRFS (选取曲面)
Add (添加)
Remove (移除)
Show (显示)
Done/Return (完成/返回)
SEL SURF (选取曲面)
Surface (曲面)
Part (零件)

图 5-38 “曲面零件选择”菜单

GOUGE CHECK (过切检测)
Surfaces (曲面)
Tolerance (公差)
Step (步骤)
Run (运行)
Done/Return (完成/返回)

图 5-39 “过切检测”菜单

SHOW GOUGE (显示过切)
Show All (显示全部)
Next (下一个)
Previous (先前)
Info (信息)
Done/Return (完成/返回)

图 5-40 过切数据显示

图 5-41 显示过切的数据点

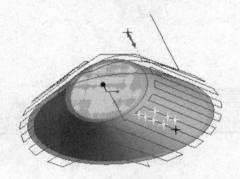

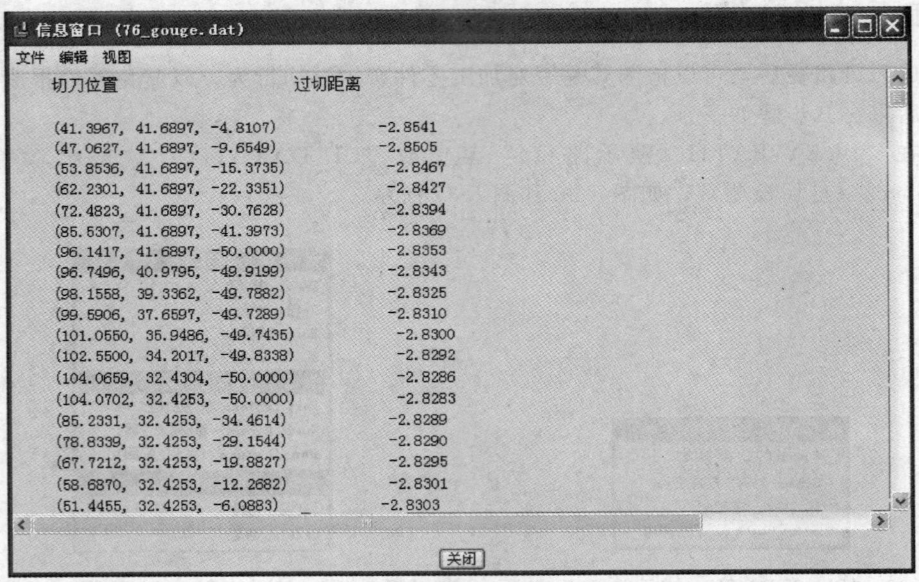

信息窗口 (76_gouge.dat)
文件 编辑 视图
切刀位置 过切距离
(41.3967, 41.6897, -4.8107) -2.8541
(47.0627, 41.6897, -9.6549) -2.8505
(53.8536, 41.6897, -15.3735) -2.8467
(62.2301, 41.6897, -22.3351) -2.8427
(72.4823, 41.6897, -30.7628) -2.8394
(85.5307, 41.6897, -41.3973) -2.8369
(96.1417, 41.6897, -50.0000) -2.8353
(96.7496, 40.9795, -49.9199) -2.8343
(98.1558, 39.3362, -49.7882) -2.8325
(99.5906, 37.6597, -49.7289) -2.8310
(101.0550, 35.9486, -49.7435) -2.8300
(102.5500, 34.2017, -49.8338) -2.8292
(104.0659, 32.4304, -50.0000) -2.8286
(104.0702, 32.4253, -50.0000) -2.8283
(85.2331, 32.4253, -34.4614) -2.8289
(78.8339, 32.4253, -29.1544) -2.8290
(67.7212, 32.4253, -19.8827) -2.8295
(58.6870, 32.4253, -12.2682) -2.8301
(51.4455, 32.4253, -6.0883) -2.8303
关闭

图 5-42 过切数据信息显示窗口

第6章　加工后置处理生成 NC 指令

6.1　加工后置处理概述

Pro/NC 生成的 ASCII 格式的刀位（CL）数据文件不能被特定数控机床所配置的数控系统所识别，所以，在进行加工之前，必须将这些文件转化成"加工控制数据（MCD）"文件，以实现特定机床的加工运动。

后置处理就是指将刀位数据文件转换为特定数控机床所配置的数控系统能识别的数控代码程序（即 MCD 文件）这一过程。在 Pro/NC 中，即将 *.ncl 文件转化成 *.tap 文件。

由于数控系统现在并没有一个完全统一的标准，各厂商对有的数控代码功能的规定各不相同，所以，同一个零件在不同的机床上加工，所需要的代码可能有所不同。为了使 Pro/NC 制作的刀位数据文件能够适应不同加工机床的要求，需要将机床配置的特定数控系统的要求作为一个数据文件存放起来，使系统对刀位数据文件进行后置处理时选择此数据文件来满足配置选项的要求，这个数据文件叫做选配文件。

Pro/NC 本身已配置了当前世界上知名度较高的数控厂商的选配文件，但是，毕竟所涉及的系统是有限的，为了使一般数控机床能够处理 Pro/NC 的加工工艺文件，Pro/Engineer 所带的 NC Post 模块允许用户以交互方式来制作选配文件，从而扩充了后置处理功能。

6.2　用 Pro/NC POST GENER 进行后置处理生成数控文件

后置处理过程是通过后置处理器的作用实现的。在 Pro/NC 中，经常使用的标准后置处理器有以下两种。

- gpost（系统默认的选项）：由 Intercim 公司提供的后处理模块。
- ncpost：使用 Pro/NC POST 后处理器。

可以在配置文件（config.pro）里通过参数 ncpost _ type 进行设置来选择要使用的后处理器。

Pro/NC 本身配置的铣削后置处理文件如图 6-1 所示，如果用户所使用的数控系统与图 6-1 中的某一种完全一样，就可以直接选取该后置处理文件将 CL 文件转换为相应的 MCD 文件。

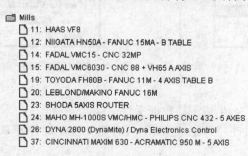

图 6-1　Pro/NC 本身配置的铣削后置处理文件

在 Pro/NC 中，可以采用以下两种不同的操作方式来生成 MCD 文件。
- 产生 CL 文件的同时生成 MCD 文件。
- 由现有 CL 文件生成 MCD 文件。

6.2.1 产生 CL 文件的同时生成 MCD 文件

同时生成 CL 文件和 MCD 文件的一般操作步骤如下。

（1）单击如图 6-2 所示"MANUFACTURE（制造）"菜单中的"CL Data（CL 数据）"选项，系统显示"CL DATA（CL 数据）"菜单，如图 6-3 所示。

（2）接受"CL DATA（CL 数据）"菜单中的默认项"输出"，如图 6-3 所示，弹出的"OUTPUT（输出）"菜单中有两个选项。

- "Select Set（选取组）"：通过创建一个组来生成多个操作或工序的 CL 数据文件。
- "Select One（选取一）"：选取一个操作（包括几个工序）或一个工序来生成 CL 数据文件。

点选其中一项会弹出相应的菜单，如图 6-4 所示，作相应的设置即可。

图 6-2 "制造"菜单　　图 6-3 "CL 数据"菜单　　图 6-4 "选取"菜单

（3）系统弹出"PATH（轨迹）"菜单，如图 6-5 所示，点选"File（文件）"项，弹出"OUTPUT TYPE（输出类型）"菜单，如图 6-6 所示，其中包括三组选项。

图 6-5 "PATH（轨迹）"菜单　　图 6-6 "OUTPUT TYPE（输出类型）"菜单

① 输出文件类型

- "CL File（CL 文件）"：生成 CL 数据文件。
- "MCD File（MCD 文件）"：生成 MCD（后置处理）文件。系统首先生成 CL 数据文件，然后对其进行后置处理。

② 执行刀具路径计算的方式

- "Interactive（交互）"：交互的方式，在当前进程中执行刀具路径计算。
- "Batch（定量）"：批处理方式，作为单独过程以批处理模式执行刀具路径计算，该选项允许在后台执行刀具路径计算，使用户可在刀具计算过程中进行其他工作，但必须在刀具路径计算完成之前避免处理模型。

③ "Compute CL（计算 CL）"：重新计算 CL 数据　在操作时除了采用系统默认选项外，再点选 "MCD File" 项，即可同时输出 CL 文件和 MCD 文件，并在当前进程中执行刀具路径计算。

（4）系统显示 "保存副本" 窗口，如图 6-7 所示，使用默认文件名 op010 或自定义文件名，单击【确定】按钮，则在当前目录生成刀位数据文件 op010.ncl 或自定义文件名.ncl。

图 6-7 "保存副本" 窗口

（5）系统显示 "PP OPTIONS（后置期处理选项）" 菜单，如图 6-8 所示，接受默认选项，单击 "Done" 项。其中，各选项的含义说明如下。

- "Verbose（全部）"：启动对后置处理过程的全部显示。
- "Trace（跟踪）"：跟踪列出文件中的所有宏和 CL 记录。
- "MACHIN（加工）"：将后置处理文件用于在 CL 文件的 MACHIN 语句中指定的加工。

如果未选中此选项，则系统将提示从所有可用后置处理器的名称列表菜单中选取一后置处理器。

（6）系统显示 "后置处理列表" 菜单，如图 6-9 所示，根据状态栏提示，从列表中选择一种与加工时所用的机床型号相应的后置处理器。

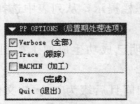

图 6-8 后置期处理选项菜单

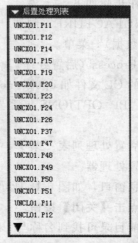

图 6-9 后置处理列表菜单

（7）系统显示信息窗口，如图 6-10 所示，若表明已成功生成加工控制（MCD）文件，即数控代码程序，则可点击【关闭】按钮。

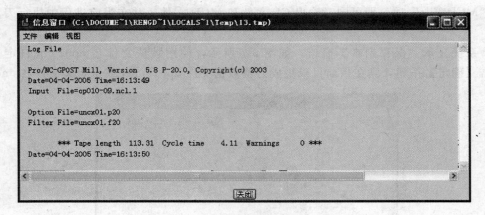

图 6-10　数控代码生成信息窗口

（8）在硬盘的当前目录可找到 op010.tap 或自定义文件名.tap，即为生成的数控代码程序。可以用记事本或写字板等打开进行查看和编辑，如图 6-11 所示。

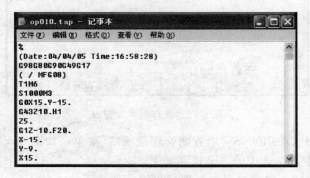

图 6-11　查看数控代码程序

（9）单击"PATH"菜单的"Done Output"，接着单击"CL DATA"菜单的"Done/Return"项，返回"制造"菜单。

6.2.2　由现有 CL 文件生成 MCD 文件

如果在生成 CL 文件时不选择【MCD File】选项，则只产生刀具路径文件，可稍后再单独进行后置处理，其操作步骤如下。

（1）单击"MANUFACTURE（制造）"菜单中的"CL Data（CL 数据）"选项，系统显示"CL DATA（CL 数据）"菜单。

（2）单击"Post Process（后置处理）"菜单项，系统弹出"打开"窗口，要求选择刀位文件，这里选择生成好的 CL 文件如 op010.ncl，然后单击【打开】按钮。

（3）系统显示"PP OPTIONS（后置期处理选项）"菜单，接受默认选项，单击"Done"项。

（4）系统显示"后置处理列表"菜单，根据状态栏提示，从列表中选择一种与加工时所用的机床型号相应的后置处理器。

（5）系统显示信息窗口，如图 6-12 所示，若表明已成功生成加工控制（MCD）文件，即数控代码程序，则可点击【关闭】按钮。

（6）在硬盘的当前目录可找到名称与 CL 文件相同且后缀为.tap 的文件如 op010.tap，即为生成的数控代码程序。

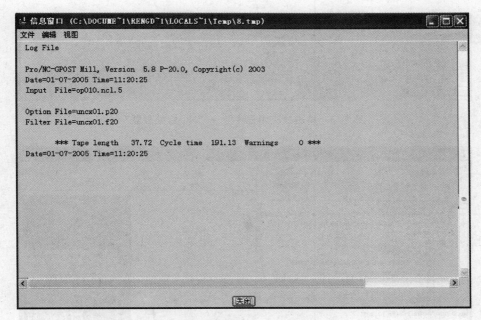

图 6-12　数控代码生成信息窗口

（7）单击"CL DATA"菜单的"Done/Return"项，返回"制造"菜单。

6.3　用 Pro/NC POST QUEST 创建新的后置处理器

Pro/NC 本身虽然已经配置了若干数控机床的选配文件，但是毕竟所涉及的系统是有限的，在实际的加工应用中往往不能满足用户的要求，为了使其他众多的数控机床能够处理 Pro/NC 的加工工艺文件，Pro/Engineer 所带的 NC Post 模块允许用户以交互方式制作选配文件。

制作选配文件可分为以下主要步骤。

（1）进行基本的准备工作。

（2）初始化选配文件。

（3）对选配文件的主要项目和参数进行详细的设置。

6.3.1　基本的准备工作

要创建选配文件，首先要对加工机床和数控系统有一个广泛而深入的了解，只有能够详细地描述机床数控系统的各项要求，才能更好地操作机床控制加工过程。

一般来说，在创建选配文件之前应该掌握以下资料：数控机床用户手册、机床原点和各坐标轴的行程、各轴进给速度、主轴转速范围、机床控制和编程手册、机床准备功能代码和辅助代码、地址寄存器及其格式、圆弧插补的格式要求等。

6.3.2　初始化选配文件

以初始化"FANUC 6M CONTROL"后置处理文件为例，基本步骤如下：

（1）在 Pro/Engineer 加工界面中，单击主菜单"应用程序"→"NC 后处理器"选项，如图 6-13 所示。

（2）系统自动进入选配文件生成器界面，如图 6-14 所示。在该对话框中，单击"File"→"New"选项。

（3）系统显示如图 6-15 所示的"Define Machine Type"（定义机床类型）对话框，点选"Machine Types"区域的"Mill"项，然后单击【Next＞】按钮。

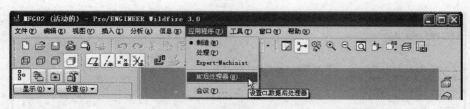

图 6-13　单击"应用程序"→"NC 后处理器"

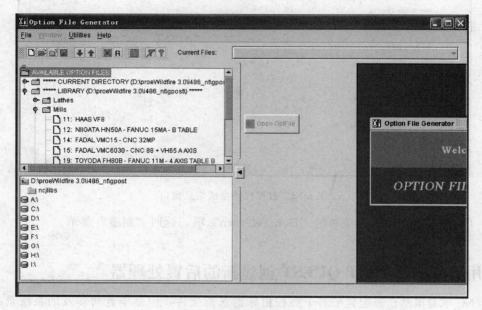

图 6-14　选配文件生成器

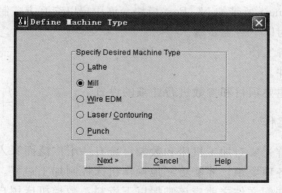

图 6-15　"Define Machine Type"对话框

（4）系统显示如图 6-16 所示的"Define Option File Location"对话框，要求定义选配文件的名称和标识号，这里保持对话框中各项不变，直接单击【Next＞】按钮。

其中要求文件名称必须是确定的（对于铣削加工为 uncx01），文件扩展名为 .pnn，此处 nn 就是标识号，输入范围是 1～99。系统安装目录...\i486_nt\gpost 为后处理选配文件的存放目录，不允许更改，左侧的文件列表框中已经列出了系统提供的和用户已经定义好的选配文件。标识号处输入 01（如果已经存在文件 uncx01.p01，则更改标识号，以避免将已经存在的文件覆盖）。

（5）系统显示如图 6-17 所示的"Option File Initialization"对话框，在"Method of Initialization"区域点选【System supplied default option file】单选钮，单击【Next＞】按钮。

该对话框中提供了三种初始化选配文件的方式。

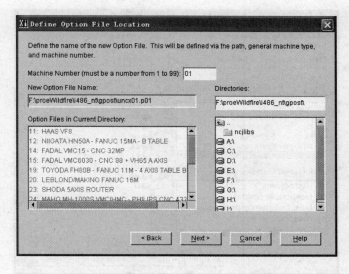

图 6-16　"Define Option File Location" 对话框

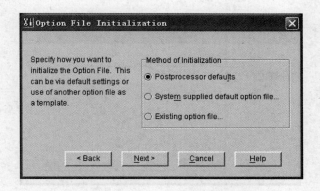

图 6-17　"Option File Initialization" 对话框

① 使用默认的后处理选项。

② 使用系统提供的默认的选配文件为模板。

③ 使用已经存在的选配文件为模板。

（6）系统显示如图 6-18 所示的 "Select Option File Template" 对话框，在 "Option Files in Current Directory" 区域中选择 "05：FANUC 6M CONTROL" 项，单击【Next＞】按钮。

（7）系统显示如图 6-19 所示的 "Option File Title" 对话框，保持默认内容不变，单击【Next＞】按钮完成初始化操作。

系统显示如图 6-20 所示的 "Option File Generator" 对话框，可以对选配文件的内容做进一步设置。

6.3.3　设置机床类型

在图 6-20 右边区域内嵌的对话框中，可以进行机床类型的详细设置。

6.3.3.1　Type, Specs, &Axes

（1）"Machine" 选项卡　如图 6-20 所示，用于设置机床种类。

（2）"Specs" 选项卡　如图 6-21 所示，用于定义机床直线轴和回转轴的运动代码属性。

（3）"Axes" 选项卡　如图 6-22 所示，用于设置机床各轴行程极限。

6.3.3.2　Transforms & Ouput

如图 6-23 和图 6-24 所示，用于定义坐标变换，便于对刀位数据进行处理。

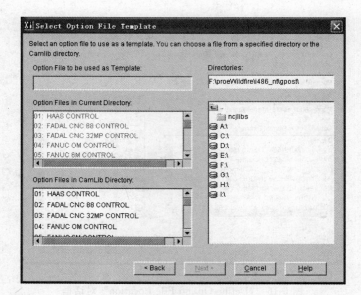

图 6-18 "Select Option File Template" 对话框

图 6-19 "Option File Title" 对话框

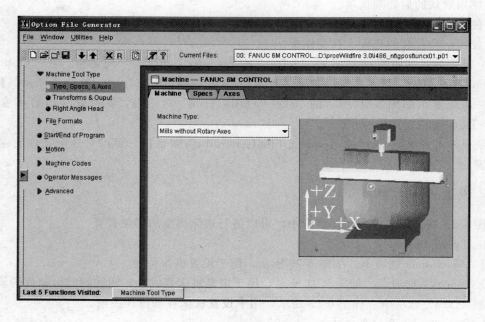

图 6-20 "Option File Generator" 对话框

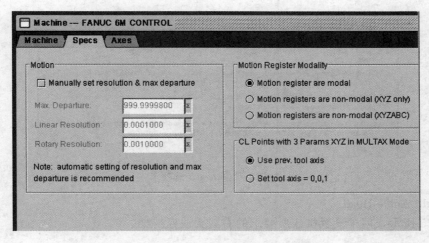

图 6-21　"Specs" 选项卡

图 6-22　"Axes" 选项卡

图 6-23　"Transformation" 选项卡

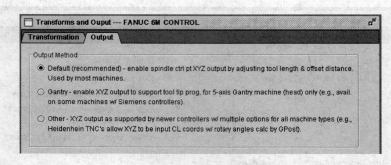

图 6-24 "Output"选项卡

6.3.3.3 Right Angle Head

如图 6-25 所示，用于设置机床所要求的右刀头或保持架。

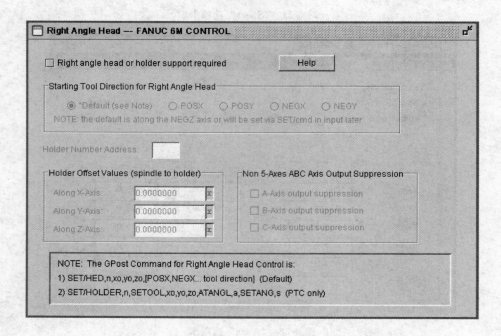

图 6-25 "Right Angle Head"选项卡

6.3.4 定义选配文件格式

6.3.4.1 MCD 文件格式

（1）"MCD File Format"选项卡 如图 6-26 所示，在 MCD 文件格式界面中可以查看和编辑地址寄存器及其格式，系统已经对所有的地址寄存器指定了输出的顺序（1～26）。改变寄存器位置的方法是，首先单击要更改对象的描述栏 DESCRIPTION，然后用鼠标将它拖放到新的位置，最后松开鼠标即可。

要编辑地址寄存器的格式和信息，只需单击对应对象的"ADDR（地址）"按钮，然后在弹出的对话框中输入相应的信息。

（2）"General Address Output"选项卡 如图 6-27 所示，用于设置输出数据的小数点格式及是否每个地址间插入空格。

（3）"File Type"选项卡 如图 6-28 所示，用于设置输出 NC 程序的后缀名。

6.3.4.2 List 文件格式

如图 6-29 所示，各部分简要介绍如下。

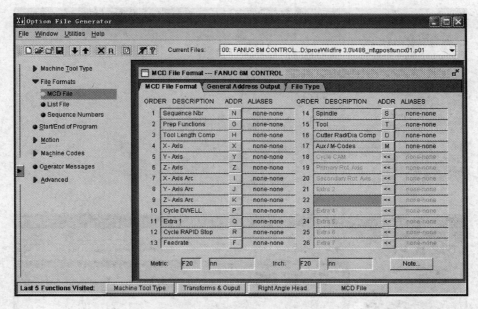

图 6-26 "MCD File Format" 选项卡

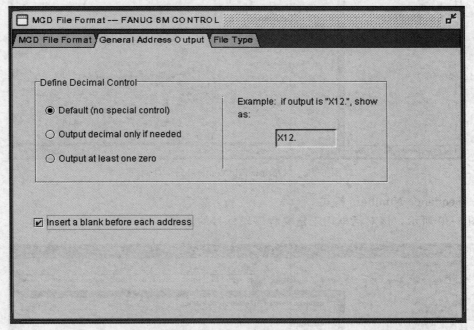

图 6-27 "General Address Output" 选项卡

（1）Option File Title：此处可以修改在创建文件时输入的选配文件的标题。最大允许字符数为 66。

（2）Verification Print：信息打印选项。当一个刀位数据文件经后处理后，用户可以打印确认信息的列表。这种信息经常被机床操作人员作为参考。这种列表文件中包含着数据处理过程和对机床操作的指导，对编程人员和操作人员具有指导作用。本参数列表框提供了几个选项，可以删除或确认打印列表。

（3）Warnings：提供了如何处理系统给出的警告信息。

（4）Formatting：选择打印格式。

（5）Tape Image：打印输出数据的格式。

（6）Other：其他选项。

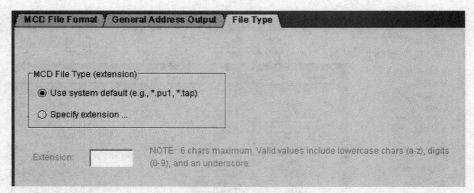

图 6-28 "File Type" 选项卡

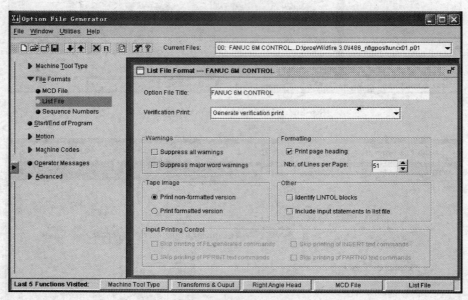

图 6-29 "Option File Generator" 对话框

6.3.4.3 Sequence Numbers 格式

如图 6-30 所示，该对话框用于定义程序段标号的选项。

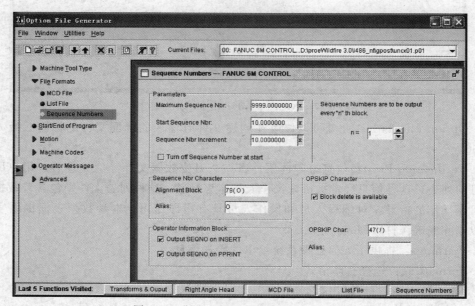

图 6-30 "Option File Generator" 对话框

6.3.5 定义程序开始与结束的一般选项

6.3.5.1 "General" 选项卡

如图 6-31 所示，用于定义基本格式和输出选项。

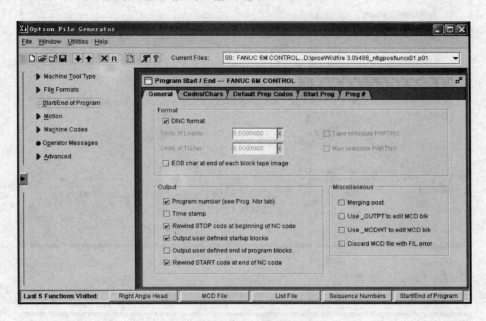

图 6-31 "General"选项卡

6.3.5.2 "Codes/Chars" 选项卡

如图 6-32 所示，用于定义程序起始或结束的标示符。

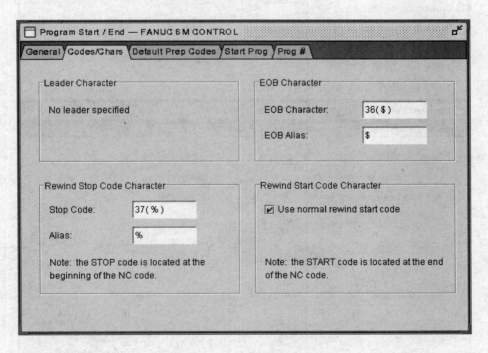

图 6-32 "Codes/Chars"选项卡

6.3.5.3 "Default Prep Codes" 选项卡

如图 6-33 所示，用于设置默认的准备功能代码和后处理器使用的单位。

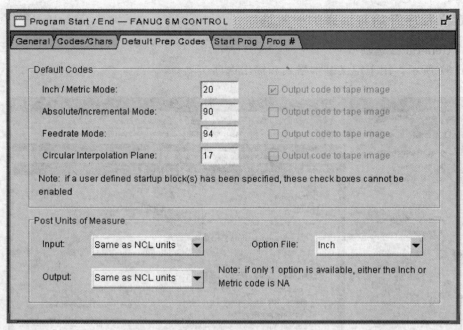

图 6-33 "Default Prep Codes" 选项卡

6.3.5.4 "Start Prog" 选项卡

如图 6-34 所示，用于定义具体的用户自定义程序的开始代码。

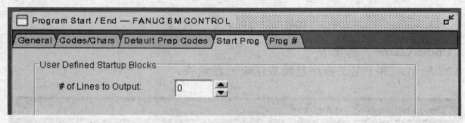

图 6-34 "Start Prog" 选项卡

6.3.5.5 "Prog#" 选项卡

如图 6-35 所示，用于定义输出程序号格式。

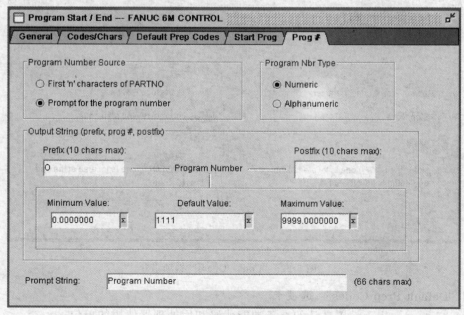

图 6-35 "Prog#" 选项卡

6.3.6 设置与机床运动有关的选项

6.3.6.1 定义一般选项

如图 6-36 所示，用于设置重复点的输出与否。

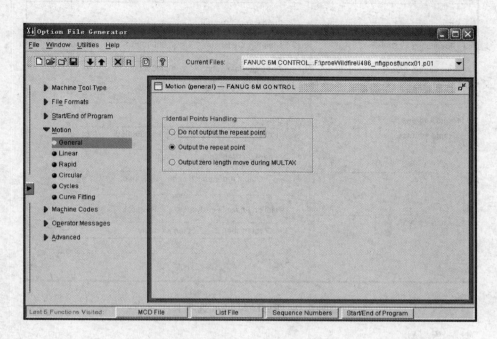

图 6-36 "Option File Generator" 对话框

6.3.6.2 直线插补代码的设置

如图 6-37 所示，用于设置直线插补代码。

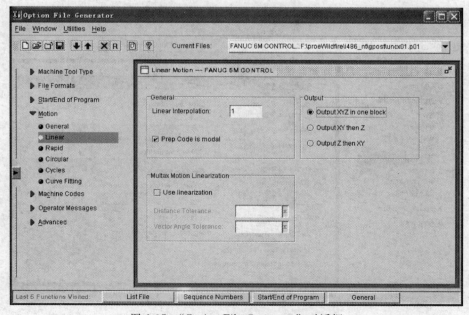

图 6-37 "Option File Generator" 对话框

6.3.6.3 快速进给代码的设置

如图 6-38 所示，用于设置快速进给代码。

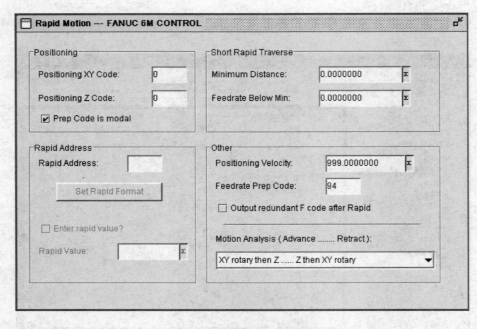

图 6-38 Rapid Motion 选项卡

6.3.6.4 圆弧插补代码的设置

如图 6-39 至图 6-43 所示，用于设置圆弧插补代码。

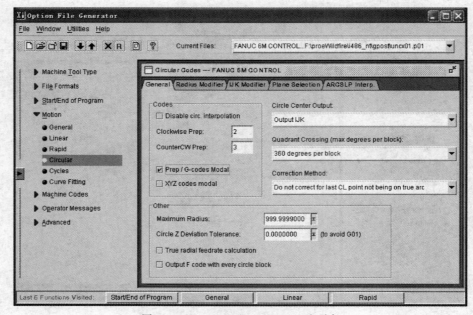

图 6-39 Option File Generator 选项卡

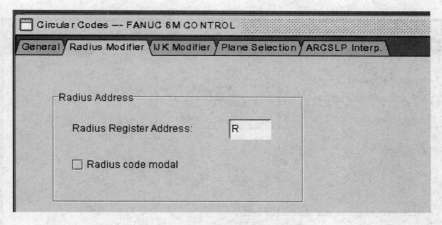

图 6-40 "Radius Modifier" 选项卡

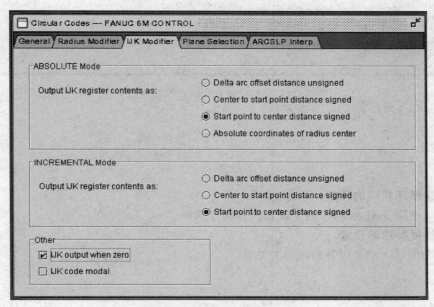

图 6-41 "IJK Modifier" 选项卡

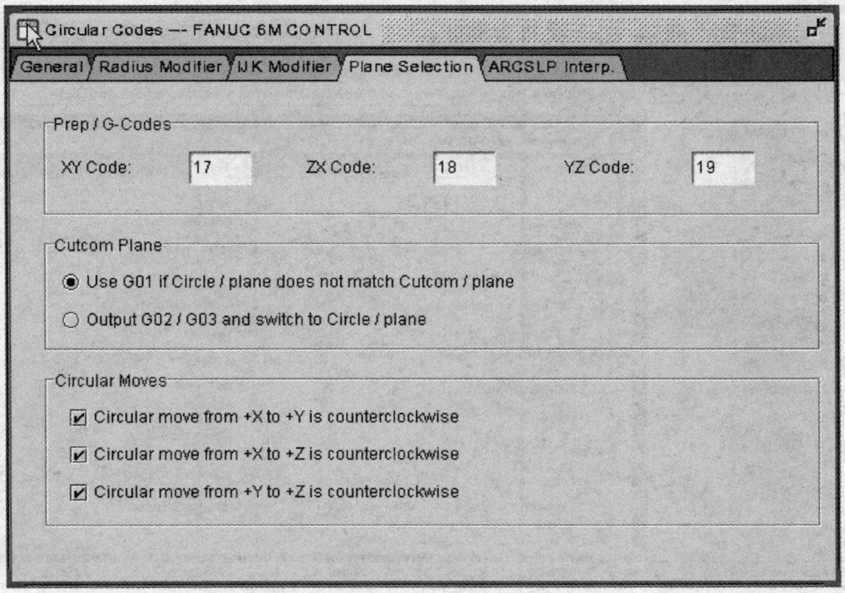

图 6-42 "Plane Selection" 选项卡

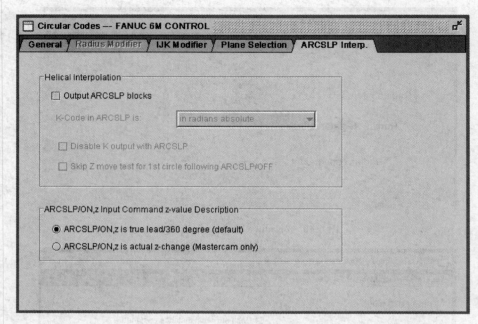

图 6-43 "ARCSLP Interp." 选项卡

6.3.6.5 固定循环代码的设置

如图 6-44 至图 6-46 所示，用于设置固定循环代码。

6.3.6.6 曲线插补功能设置

如图 6-47 所示，用于设置曲线插补功能。

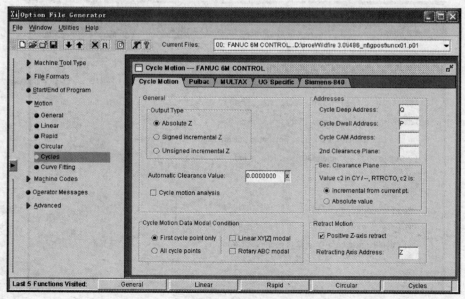

图 6-44 "Option File Generator" 对话框

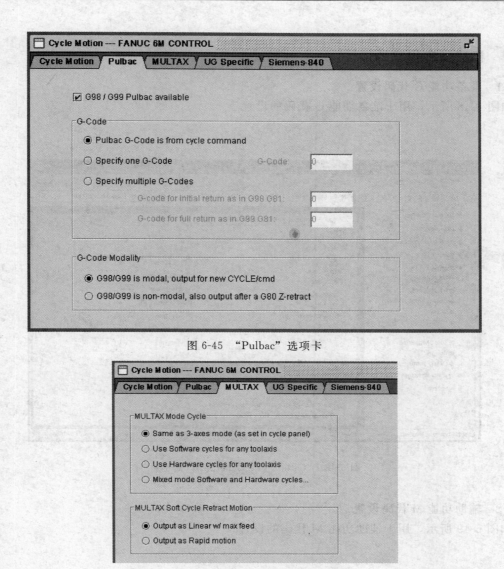

图 6-45　"Pulbac"选项卡

图 6-46　"MULTAX"选项卡

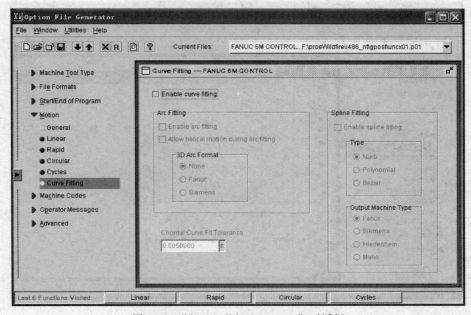

图 6-47　"Option File Generator"对话框

6.3.7　机床加工代码的描述

6.3.7.1　准备功能 G 代码设置

如图 4-48 所示，用于准备功能 G 代码的设置。

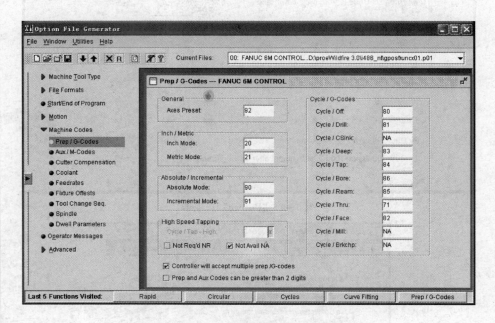

图 6-48　"Option File Generator" 对话框

6.3.7.2　辅助功能 M 代码设置

如图 6-49 所示，用于辅助功能 M 代码的设置。

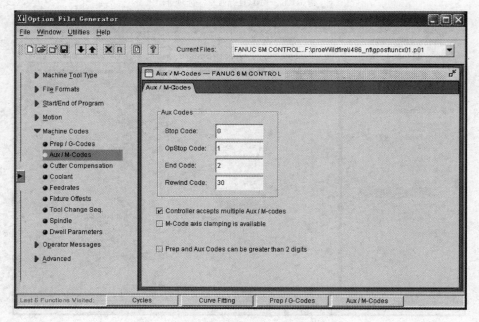

图 6-49　"Option File Generator" 对话框

6.3.7.3　刀具补偿代码设置

如图 6-50 所示，用于刀具补偿代码的设置。

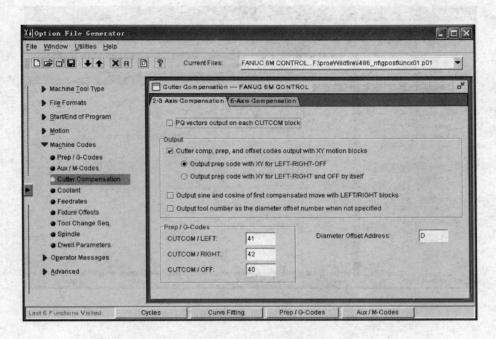

图 6-50　"Option File Generator" 对话框

6.3.7.4　冷却液代码设置

如图 6-51 所示，用于冷却液代码的设置。

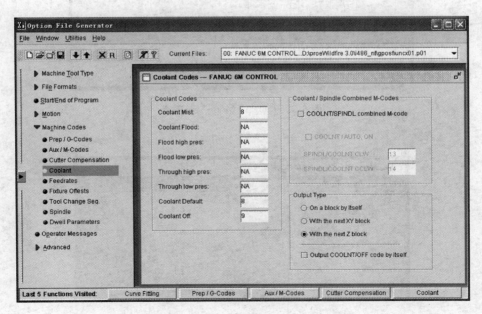

图 6-51　"Option File Generator" 对话框

6.3.7.5 进给运动代码设置

如图 6-52 至图 6-55 所示，用于进给运动代码的设置。

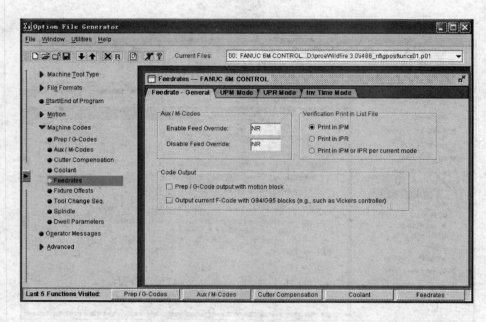

图 6-52 "Option File Generator" 对话框

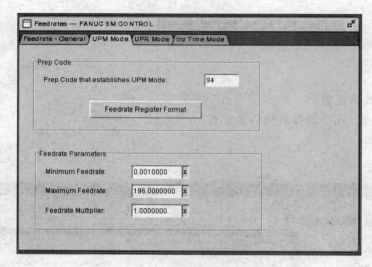

图 6-53 "UPM Mode" 选项卡

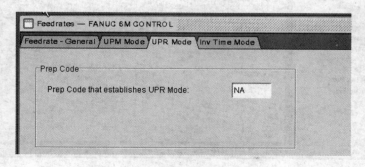

图 6-54 "UPR Mode" 选项卡

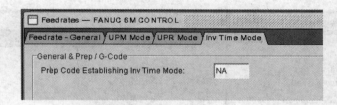

图 6-55 "Inv Time Mode" 选项卡

6.3.7.6 夹具偏置代码设置

如图 6-56 所示，用于夹具偏置代码的设置。

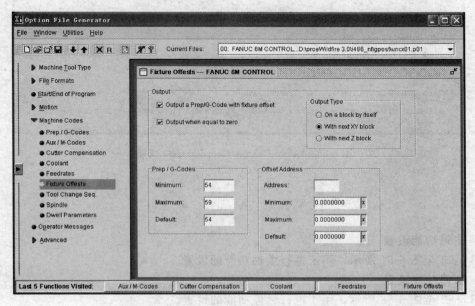

图 6-56 "Option File Generator" 对话框

6.3.7.7 换刀代码设置

如图 6-57 所示，用于换刀代码的设置。

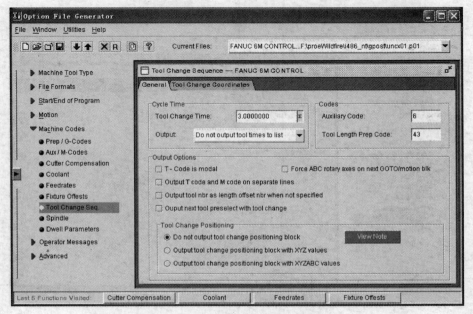

图 6-57 "Option File Generator" 对话框

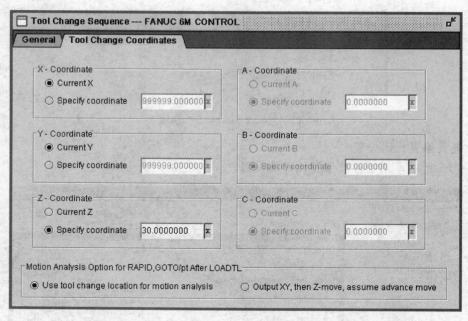

图 6-58 "Tool Change Coordinates" 选项卡

6.3.7.8 主轴功能设置

如图 6-59 至图 6-61 所示，用于进行主轴功能的设置。

6.3.7.9 暂停功能设置

如图 6-62 至图 6-63 所示，用于进行暂停功能的设置。

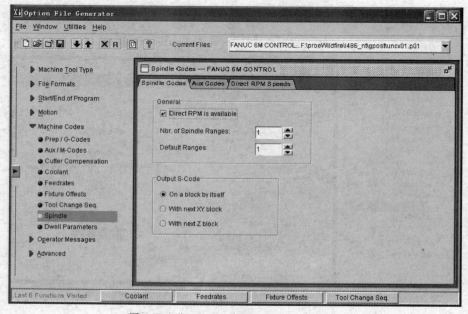

图 6-59 "Option File Generator" 对话框

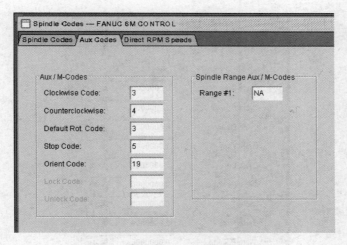

图 6-60　"Aux Codes" 选项卡

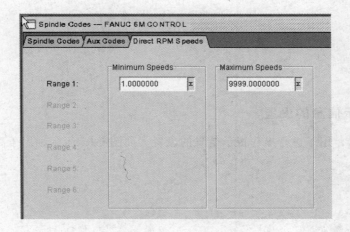

图 6-61　"Direct RPM Speeds" 选项卡

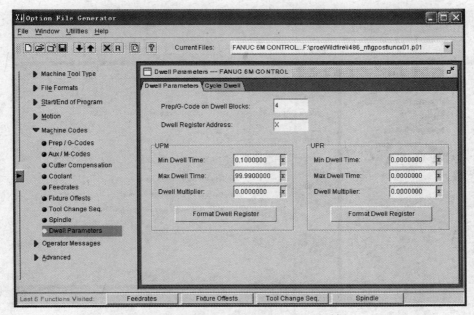

图 6-62　"Option File Generator" 对话框

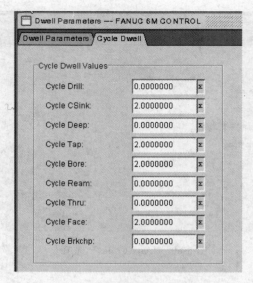

图 6-63 "Cycle Dwell" 选项卡

6.3.8 操作提示信息的设置

如图 6-64 所示，用于进行操作提示信息的设置，而图 6-65 所示则用于高级选项的设置。

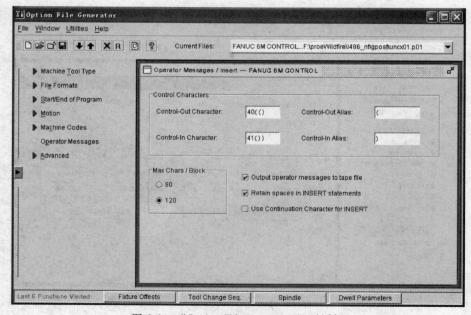

图 6-64 "Option File Generator" 对话框

图 6-65　"Option File Generator" 对话框

6.3.9　保存选配文件

单击 "File" → "Save" 或 "Save As"，则在进行后置处理时，在"后置处理列表"中将出现新建的后置处理器可以选择使用，如图 6-66 所示。

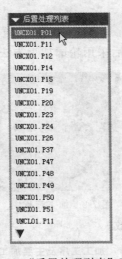

图 6-66　"后置处理列表"菜单

第7章　凸轮的数控铣加工

7.1　零件分析

图 7-1 所示为凸轮，其外形由几段相切的圆弧连接而成，上面有凸起的连接块，中间为一个通孔。毛坯为模锻件，带有通孔的圆饼。

图 7-1　凸轮

7.2　工艺分析

该凸轮可以分三道工序进行加工，如图 7-2 所示。首先采用型腔加工方法加工平面，然后采用轮廓加工方法加工凸轮外形，最后采用轮廓加工方法进行连接孔的加工。

图 7-2　加工流程图

表 7-1 为加工工序及主要加工参数。

表 7-1　加工工序及主要加工参数

加工序号	加工工序	加工方法	刀具	转速/(r/min)	进给/(mm/min)
1	加工平面	型腔	ϕ12 铣刀	600	60
2	加工凸轮外形	轮廓	ϕ10 长刃铣刀	300	60
3	加工连接孔	轮廓	ϕ6 立铣刀	600	50

7.3　操作步骤

步骤一：进入零件加工模块，新建制造文件

将工作目录设置为 "chapter7"。

单击 "文件" → "新建" → "制造" → "NC 组件"，输入文件名为 mfg＿cam，接受 "使用缺省模板"，单击【确定】按钮。

步骤二：创建制造模型

图 7-3 所示为构成制造模型的设计模型和毛坯模型。

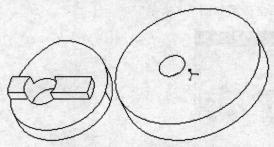

图 7-3 设计模型和毛坯模型

首先调出设计模型。单击"Mfg Model（制造模型）"→"Assemble（装配）"→"Ref Model（参照模型）"，选取 mfg_cam_rm.prt，单击【打开】按钮，系统自动调出零件模型，同时出现装配操控面板，如图 7-4 所示。点击图 7-4 中箭头所指的"缺省"选项，再单击 ✔ 按钮，即可完成设计模型的装配。

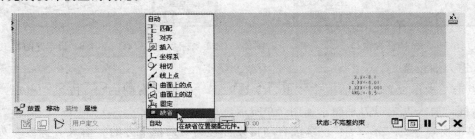

图 7-4 装配操控面板

再调出毛坯模型。单击"Assemble（装配）"→"Workpiece（工件）"，选取 mfg_cam_wp.prt，单击【打开】按钮，其余操作同上，可完成毛坯模型的装配。

最后，装配好的制造模型如图 7-5 所示。

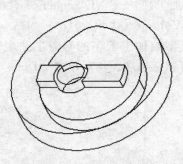

图 7-5 制造模型

步骤三：设置制造环境

在"MANUFACTURE（制造）"菜单中单击"Mfg Setup（制造设置）"项，系统显示"操作设置"对话框，如图 7-6 所示。

（1）操作名称 采用默认值 OP010。

（2）机床设置 点击 按钮，出现"机床设置"对话框，采用默认值：机床名称为MACH01、机床类型为铣床、轴数为三轴，单击【确定】按钮。

（3）确定加工坐标系

① 点击"操作设置"对话框中"加工零点"右侧的 按钮，出现"MACH CSYS（制造坐标系）"菜单和"选取"对话框，如图 7-7 所示。

② 接受"MACH CSYS（制造坐标系）"菜单中的"Select（选取）"菜单项，点选 CS0 作为加工坐标系。

③ 设定完成后的加工坐标系如图 7-8 所示。

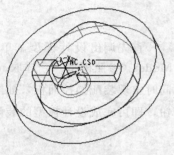

图 7-6　操作设置窗口　　　　图 7-7　加工坐标系设定　　　图 7-8　设定好的加工坐标系

（4）退刀面设置

① 点击"操作设置"对话框中"退刀"选区下"曲面"右侧的 ▶ 按钮，出现"退刀选取"对话框，要求设定退刀平面，如图 7-9 所示。

② 单击窗口中的"沿 Z 轴"，系统自动将光标移到对话框下方的"输入 Z 深度"处，输入数值 5，然后单击【确定】按钮，生成退刀平面 ADTM1，如图 7-10 所示。

③ 单击"操作设置"对话框中的【确定】按钮，完成加工环境的设置。

步骤四：定义型腔加工工序

系统显示"MACH AUX（辅助加工）"菜单［若未弹出，可在"MANUFACTURE（制造）"菜单中单击"Machining（加工）"→"NC Sequence（NC 序列）"］。

（1）定义加工方法　单击"Volume（体积块）"→"Done（完成）"。

（2）工序设置　本例仅定义型腔加工工序的必需工艺项目：刀具、参数和 Volume 体积块，即接受图 7-11 菜单中的所有默认选项，然后单击"Done（完成）"项确认。

（3）定义刀具参数

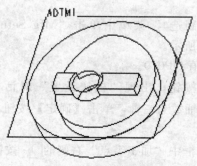

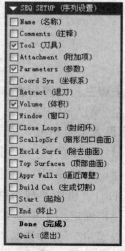

图 7-9　退刀面设定对话框　　　图 7-10　生成的退刀平面　　　图 7-11　"序列设置"菜单

152

① 系统弹出"刀具设定"对话框，利用该窗口可以设定加工所需刀具。

② 使用立铣刀，输入刀具参数，如图 7-12 所示。设定完成后，单击该窗口中的【应用】按钮，在窗口的左边列表中出现"T01"刀具。

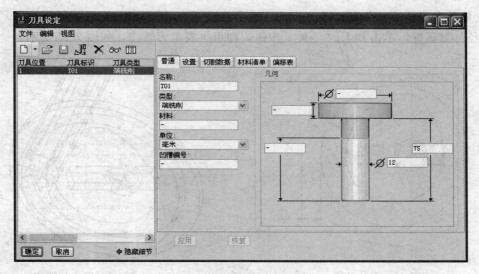

图 7-12　设定的刀具参数

③ 单击【确定】按钮，完成加工刀具的设定。

（4）定义加工工艺参数

① 系统显示"MFG PARAMS（制造参数）"菜单。单击该菜单中的"Set（设置）"选项，系统弹出加工参数设定窗口。

② 窗口中标记为"－1"的选项，表示用户必须进行设定。设定后的加工参数如图 7-13 所示。

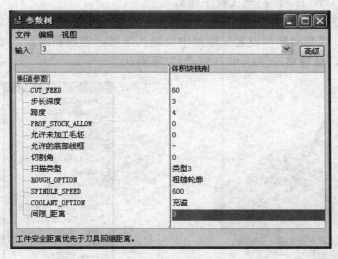

图 7-13　设定好的加工参数

③ 单击"文件"→"退出"，完成加工工艺参数的设定。

④ 系统返回"MFG PARAMS（制造参数）"菜单，单击"Done（完成）"项确认。

（5）定义加工表面区域

① 系统显示"选取"对话框，提示选取定义好的铣削体积块。在此使用创建特征的方法定义加工型腔，单击 按钮，系统自动进入建模界面。

② 创建拉伸特征作为体积块。选择毛坯上表面作为草绘面，方向向下拉伸，并选择一定

的参考面，然后草绘如图 7-14 所示的轮廓（尽量使用"使用边"方法），最后拉伸到零件上表面。

③ 完成体积块的创建后，单击 ✅ 按钮退出建模界面。

（6）显示走刀轨迹　单击"Play Path（演示轨迹）"→"Screen Play（屏幕演示）"，显示"播放路径"对话框，单击其上的 ▶ 按钮，即可生成走刀轨迹，如图 7-15 所示。

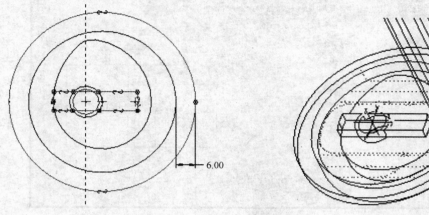

图 7-14　草绘轮廓　　　　　　　　　　图 7-15　型腔加工走刀轨迹

（7）加工过程动态仿真　单击"Play Path（演示轨迹）"→"NC Check（NC 检测）"→"Run（运行）"，结果如图 7-16 所示。

（8）单击"NC Check（NC 检测）"菜单的"Save（保存）"项，系统弹出"保存副本"对话框，在"新建名称"文本框中输入 sequence1，将经过型腔加工工序加工后的形状加以保存。

（9）单击"Done Seq（完成序列）"项，此时便完成了型腔加工工序的定义。

步骤五：定义轮廓加工工序 I

【NC Sequence（NC 序列）】→【新序列】。

（1）定义加工方法　单击"Profile（轮廓）"→"Done（完成）"。

（2）工序设置　接受"序列设置"菜单中的默认选项：参数和曲面，增选参数"刀具"选项，如图 7-17 所示，然后单击"Done（完成）"项确认。

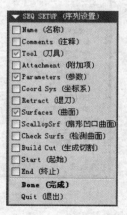

图 7-16　加工过程仿真结果　　　图 7-17　NC 工序需定义参数的选择菜单

（3）定义刀具参数

① 系统弹出"刀具设定"对话框。该窗口已设定刀具 T01，点击 🗋 按钮新建另一把刀具，使用长刃立铣刀，输入刀具参数如图 7-18 所示。设定完成后，单击该窗口中的【应用】按钮。

② 单击【确定】按钮，完成加工刀具的设定。

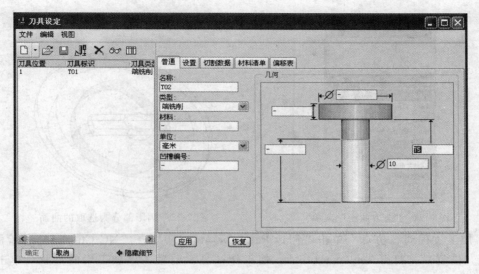

图 7-18　设定的刀具参数

（4）定义加工工艺参数

① 系统显示"MFG PARAMS（制造参数）"菜单，单击"Set（设置）"选项，系统弹出加工参数设定窗口。

② 窗口中标记为"－1"的选项，表示用户必须进行设定，设定后的加工参数如图 7-19 所示。

③ 点击【高级】按钮，找到参数"数量 _ 配置 _ 通过"和"配置 _ 增量"，分别设置为 2 和 0.5，即分两次切削，层间厚度为 1。

④ 单击"文件"→"退出"，完成加工工艺参数的设定。

⑤ 系统返回"MFG PARAMS（制造参数）"菜单，单击"Done（完成）"项确认。

（5）定义加工表面区域

① 系统显示"SURF PICK（曲面拾取）"菜单，如图 7-20 所示。接受"Model（模型）"项，单击"Done（完成）"项确认。

② 系统显示"选取曲面"菜单和"选取"对话框，如图 7-21 所示，点选零件的外表面（多选用〈Ctrl〉键），确认图 7-22 所示的阴影部分为选取的曲面。

③ 单击【确定】按钮，再依次单击"完成"→"完成/返回"→"完成/返回"。

④ 系统显示"NC SEQUENCE（NC 序列）"菜单。

（6）显示走刀轨迹　单击"Play Path（演示轨迹）"→"Screen Play（屏幕演示）"，显示"播放路径"对话框，单击其上的　▶　按钮，即可生成走刀轨迹，如图 7-23 所示。

图 7-19　设定好的加工参数

图 7-20　"曲面拾取"菜单

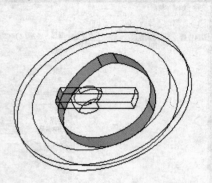

图 7-21　"选取曲面"菜单　　　　　　　　图 7-22　阴影部分为选取的曲面

（7）加工过程动态仿真　单击"Play Path（演示轨迹）"→"NC Check（NC 检测）"→"Restore（恢复）"，打开 sequence1.nck，使工作区显示前道工序加工后的形状，单击"Display"→"Run（运行）"，结果如图 7-24 所示。

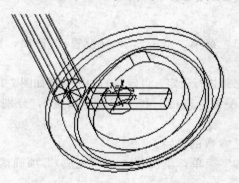

图 7-23　走刀轨迹　　　　　　　　　　图 7-24　加工过程动态仿真结果

（8）单击"NC Check（NC 检测）"菜单的"Save（保存）"项，系统弹出"保存副本"对话框，在"新建名称"文本框中输入 sequence2，将经过型腔加工和轮廓加工后的形状加以保存。

（9）单击"Done Seq（完成序列）"项便完成了第二道 NC 工序（轮廓加工工序Ⅰ）的定义。

步骤六：定义轮廓加工工序Ⅱ

【NC Sequence（NC 序列）】→【新序列】。

（1）定义加工方法　单击"Profile（轮廓）"→"Done（完成）"。

（2）工序设置　接受"序列设置"菜单中的默认选项：参数和曲面，增选参数"刀具"选项，然后单击"Done（完成）"项确认。

（3）定义刀具参数

① 系统弹出"刀具设定"对话框。该窗口已设定刀具 T01、T02，点击 按钮新建另一把刀具，使用长刃立铣刀，输入刀具参数如图 7-25 所示。设定完成后，单击该窗口中的【应用】按钮。

② 单击【确定】按钮，完成加工刀具的设定。

（4）定义加工工艺参数

① 系统显示"MFG PARAMS（制造参数）"菜单，单击"Set（设置）"选项，系统弹出加工参数设定窗口。

② 窗口中标记为"—1"的选项，表示用户必须进行设定，设定后的加工参数如图 7-26 所示。

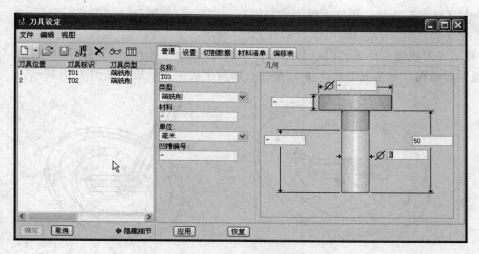

图 7-25　设定的刀具参数

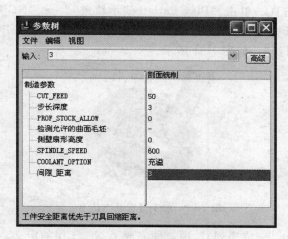

图 7-26　设定好的加工参数

③ 单击"文件"→"退出"，完成加工工艺参数的设定。

④ 系统返回"MFG PARAMS（制造参数）"菜单，单击"Done（完成）"项确认。

（5）定义加工表面区域

① 系统显示"SURF PICK（曲面拾取）"菜单，如图 7-27 所示。接受"Model（模型）"项，单击"Done（完成）"项确认。

② 系统显示"选取曲面"菜单和"选取"对话框，如图 7-28 所示，点选零件的孔的内表面（多选用〈Ctrl〉键），确认图 7-29 所示的阴影部分为选取的曲面。

图 7-27　"曲面拾取"菜单

图 7-28　"选取曲面"菜单

③ 单击【确定】按钮，再依次单击"完成"→"完成/返回"→"完成/返回"。

④ 系统显示"NC SEQUENCE（NC 序列）"菜单。

（6）显示走刀轨迹　单击"Play Path（演示轨迹）"→"Screen Play（屏幕演示）"，显示"播放路径"对话框，单击其上的 ▶ 按钮，即可生成走刀轨迹，如图 7-30 所示。

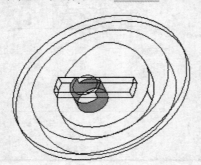
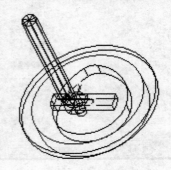

图 7-29　阴影部分为选取的曲面　　　　　　图 7-30　走刀轨迹

（7）加工过程动态仿真　单击"Play Path（演示轨迹）"→"NC Check（NC 检测）"→"Restore（恢复）"，打开 sequence2.nck，使工作区显示经前两道工序加工后的形状，单击"Display"→"Run（运行）"，如图 7-31 所示。

图 7-31　加工过程动态仿真

（8）单击"Done Seq（完成序列）"项，便完成了 NC 工序的定义。

步骤七：三道加工工序的连接

（1）单击"MANUFACTURE（制造）"菜单中的"CL Data（CL 数据）"选项，系统显示"CL DATA（CL 数据）"菜单，如图 7-32 所示。

（2）接受"CL DATA（CL 数据）"菜单中的默认项"输出"和"OUTPUT（输出）"菜单中的默认项，点选图 7-33 所示"SELECT FEAT（选取特征）"菜单中的"Operation（操作）"项，系统弹出"选取菜单"，点击"OP010"。

（3）系统弹出"PATH（轨迹）"菜单，如图 7-34 所示，接受默认选项"Display（显示）"项，点击"Done（完成）"。系统显示"播放路径"对话框，单击其上的 ▶ 按钮，即可生成前三道工序连接后的走刀轨迹，如图 7-35 所示。

（4）单击"播放路径"对话框中的 关闭 按钮，退回"PATH（轨迹）"菜单，再单击"File（文件）"项，弹出"OUTPUT TYPE（输出类型）"菜单，如图 7-36 所示，接受默认项，点击"Done（完成）"。

（5）系统显示"保存文件"窗口，使用默认文件名 op010，单击【确定】按钮，则在当前目录生成刀位数据文件 op010.ncl。单击"PATH"菜单的"Done Output"，返回"CL DATA"菜单。

（6）进行加工仿真。单击"CL DATA（CL 数据）"菜单中的"NC Check（NC 检测）"菜单项，系统弹出"NC Check（NC 检测）"菜单和"NC DISP（NC 显示）"菜单，单击"Run（运行）"菜单项。

（7）系统弹出"打开"窗口，选择 op010. ncl，系统即开始材料去除的动态模拟。

图 7-32 "CL 数据"菜单　　　图 7-33 "选取特征"菜单　　　图 7-34 "PATH（轨迹）"菜单

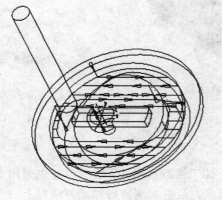

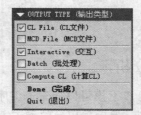

图 7-35 总的走刀轨迹　　　图 7-36 "OUTPUT TYPE（输出类型）"菜单

第 8 章 锻模 A 下模的数控加工

8.1 零件分析

    如图 8-1 所示的锻模 A 下模，锻模模具在数控加工前已经过热处理，上表面和检验面已经加工，热处理工序也可以放在粗加工以后进行，此时的粗加工余量为 1.5mm。毛坯可以制作成 510mm×510mm 的长方体。

图 8-1 锻模 A 下模

8.2 工艺分析

    图 8-1 锻模 A 下模可以分三道工序进行加工，加工流程如图 8-2 所示。首先采用型腔加工方法粗加工模型，然后采用型腔加工方法精加工模型，最后采用清根加工方法对上一步加工。

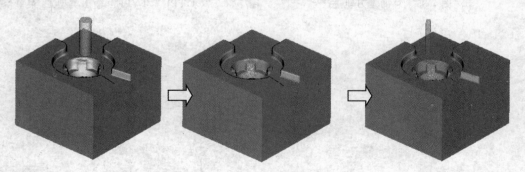

图 8-2 加工流程图

    表 8-1 为加工工序及主要加工参数。

表 8-1 加工工序及主要加工参数

加工序号	加工工序	加工方法	刀具	转速/(r/min)	进给/(mm/min)
1	锻模 A 粗加工	型腔	D63R5	800	1000
2	锻模 A 精加工	型腔	D25R5	1800	1500
3	锻模 A 清根加工	清根	D25R3	600	200

8.3　操作步骤

步骤一：进入零件加工模块，新建制造文件

单击"文件"→"新建"→"制造"/"NC 组件"，输入文件名为 MFG _ A. mfg，接受"使用缺省模板"，单击【确定】按钮。

步骤二：创建制造模型

首先调出设计模型。单击"Mfg Model（制造模型）"→"Assemble（装配）"→"Ref Model（参照模型）"，选取 mfg _ A _ x. prt，单击【打开】按钮，系统自动调出零件模型，同时出现装配操控面板，装配时参考图 8-3 所示的最后位置，即使零件左侧面（以图 8-3 为准）与 NC _ ASM _ FRONT 对齐、零件前面与 NC _ ASM _ RIGHT 匹配、零件底面与 NC _ ASM _ TOP 对齐。

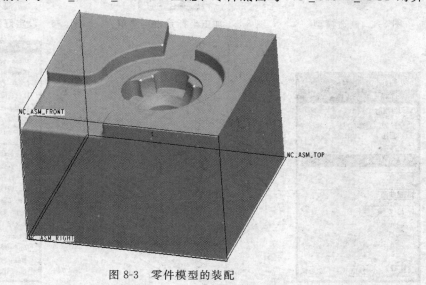

图 8-3　零件模型的装配

再调出毛坯模型。单击"Assemble（装配）"→"Workpiece（工件）"，选取 mfg _ A _ wp. prt，单击【打开】按钮，其余操作同上，可完成毛坯模型的装配。

最后，装配好的制造模型如图 8-4 所示。

步骤三：设置制造环境

在"MANUFACTURE（制造）"菜单中单击"Mfg Setup（制造设置）"项，系统显示"操作设置"对话框。

（1）操作名称　采用默认值 OP010。

（2）机床设置　点击 按钮，出现"机床设置"对话框，采用默认值：机床名称为 MACH01、机床类型为铣床、轴数为三轴，单击【确定】按钮。

（3）确定加工坐标系

① 点击"操作设置"对话框中"加工零点"右侧的 按钮，出现"MACH CSYS（制造坐标系）"菜单和"选取"对话框，如图 8-5 所示。

② 接受"MACH CSYS（制造坐标系）"菜单中的"Select（选取）"菜单项，点选 CS0 作为加工坐标系。

③ 设定完成后的加工坐标系如图 8-6 所示。

（4）退刀面设置

① 点击"操作设置"对话框中"退刀"选区下"曲面"右侧的 按钮，出现"退刀选取"对话框，要求设定退刀平面，如图 8-7 所示。

② 单击窗口中的"沿 Z 轴"，系统自动将光标移到对话框下方的"输入 Z 深度"处，输入

数值50，然后单击【确定】按钮，生成退刀平面ADTM1，如图8-8所示。

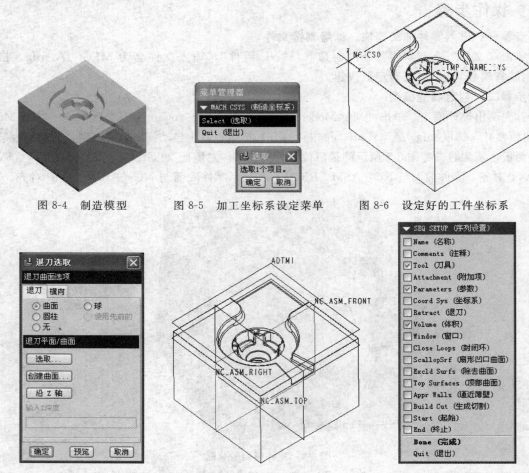

图 8-4　制造模型　　　图 8-5　加工坐标系设定菜单　　　图 8-6　设定好的工件坐标系

图 8-7　"退刀选取"对话框　　　图 8-8　生成的退刀平面　　　图 8-9　NC 工序需定义
参数的选择菜单

③ 点击"操作设置"对话框中的【确定】按钮，完成加工环境的设置。

步骤四：定义型腔加工工序Ⅰ

系统显示"MACH AUX（辅助加工）"菜单〔若未弹出，可在"MANUFACTURE（制造）"菜单中单击"Machining（加工）"→"NC Sequence（NC 序列）"〕。

（1）定义加工方法　单击"Volume（体积块）"→"Done（完成）"。

（2）工序设置　如图8-9所示，默认的需定义工艺参数选项为：刀具、参数和 Volume 体积块，此时改选"Window（窗口）"，即采用定义窗口的方式来定义加工型腔，然后单击"Done（完成）"项确认。

（3）定义刀具参数

① 系统弹出"刀具设定"对话框，利用该窗口可以设定加工所需刀具。

② 输入刀具参数如图8-10所示。设定完成后，单击该窗口中的【应用】按钮，在窗口的左边列表中出现"T0001"刀具。

③ 单击【确定】按钮，完成加工刀具的设定。

（4）定义加工工艺参数

① 系统显示"MFG PARAMS（制造参数）"菜单。单击该菜单中的"Set（设置）"选项，系统弹出加工参数设定窗口。

② 窗口中标记为"−1"的选项，表示用户必须进行设定。设定后的加工参数如图8-11所示。

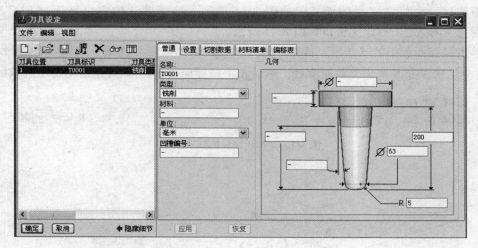

图 8-10　设定的刀具参数

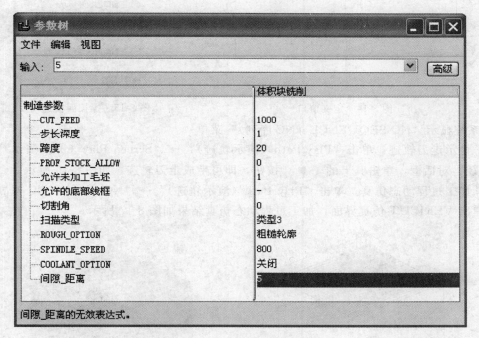

图 8-11　设定好的加工参数

③ 单击"文件"→"退出"，完成加工工艺参数的设定。

④ 系统返回"MFG PARAMS（制造参数）"菜单，单击"Done（完成）"项确认。

（5）定义加工区域

① 系统显示"DEFINE WIND（定义窗口）"菜单和"选取"对话框，如图 8-12 所示。单击 📇 按钮。

图 8-12　"DEFINE WIND"菜单

② 系统显示窗口定义操控面板，如图 8-13 所示，接受默认的窗口平面 "ADTM1" 和 "侧面影像参照模型"，即定义窗口如图 8-14 所示。

③ 单击操控面板中的【选项】按钮，选择 "在窗口围线上" 选项，如图 8-15 所示，即允许刀具完全切出 Window 定义的轮廓线。然后单击操控面板上的 ✔ 按钮退出加工区域的定义。

图 8-13 "MILL WIND" 菜单

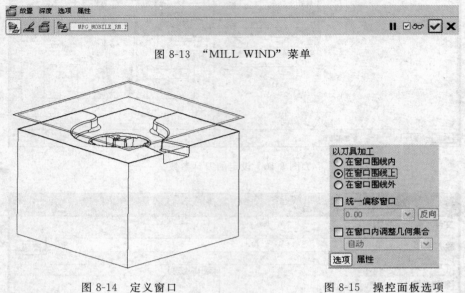

图 8-14 定义窗口　　　　　　　　　图 8-15 操控面板选项

④ 系统显示 "NC SEQUENCE（NC 序列）" 菜单。

（6）显示走刀轨迹　单击 "Play Path（演示轨迹）" → "Screen Play（屏幕演示）"，显示 "播放路径" 对话框，单击其上的 ▶ 按钮，即可生成走刀轨迹，如图 8-16 所示。

（7）加工过程动态仿真　单击 "Play Path（演示轨迹）" → "NC Check（NC 检测）"，系统自动弹出 VERICUT 仿真界面，加工过程动态仿真结果如图 8-17 所示。

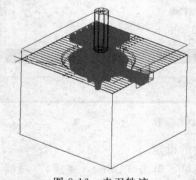

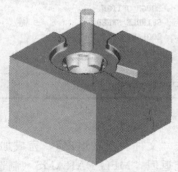

图 8-16 走刀轨迹　　　　　　　　　图 8-17 加工过程动态仿真结果

（8）单击 "Done Seq（完成序列）" 项，此时便完成了第一道 NC 工序的定义。

步骤五：定义型腔加工工序Ⅱ

系统显示 "MACH AUX（辅助加工）" 菜单［若未弹出，可在 "MANUFACTURE（制造）" 菜单中单击 "Machining（加工）" → "NC Sequence（NC 序列）"］。

（1）定义加工方法　单击 "Volume（体积块）" → "Done（完成）"。

（2）工序设置　如图 8-18 所示，默认的需定义工艺参数选项为：刀具、参数和 Volume 体积块，此时改选 "Window（窗口）"，即采用定义窗口的方式来定义加工型腔，然后单击 "Done（完成）" 项确认。

（3）定义刀具参数

① 系统弹出 "刀具设定" 对话框，利用该窗口可以设定加工所需刀具。

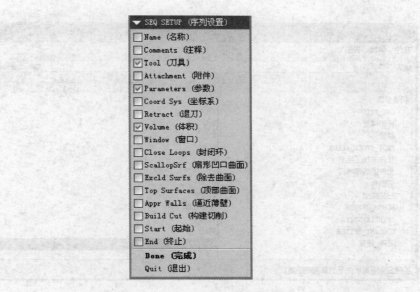

图 8-18　NC 工序需定义参数的选择菜单

② 该窗口已设定刀具 T0001，点击 ⬜ 按钮新建另一把刀具，输入刀具参数如图 8-19 所示。设定完成后，单击该窗口中的【应用】按钮。

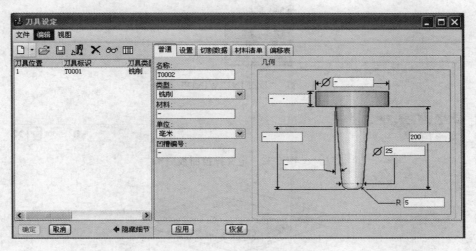

图 8-19　设定的刀具参数

③ 单击【确定】按钮，完成加工刀具的设定。

（4）定义加工工艺参数

① 系统显示"MFG PARAMS（制造参数）"菜单。单击该菜单中的"Set（设置）"选项，系统弹出加工参数设定窗口。

② 窗口中标记为"－1"的选项，表示用户必须进行设定。设定后的加工参数如图 8-20 所示。

③ 单击"文件"→"退出"，完成加工工艺参数的设定。

④ 系统返回"MFG PARAMS（制造参数）"菜单，单击"Done（完成）"项确认。

（5）定义加工区域

① 系统显示"DEFINE WIND（定义窗口）"菜单和"选取"对话框，如图 8-21 所示。单击 按钮。

② 系统显示窗口定义操控面板，如图 8-22 所示，接受默认的窗口平面"ADTM1"和"侧面影像参照模型"，即定义窗口如图 8-23 所示。

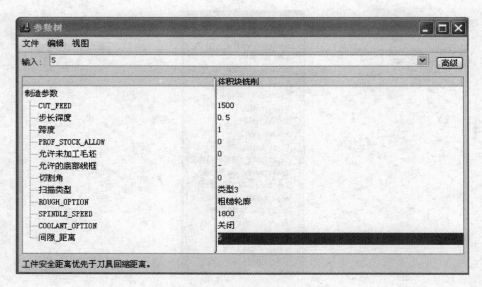

图 8-20　设定好的加工参数

图 8-21　"DEFINE WIND"菜单

图 8-22　定义操控面板

图 8-23　定义窗口

　　③ 单击操控面板中的【选项】按钮，选择"在窗口围线上"选项，如图 8-24 所示，即允许刀具完全切出 Window 定义的轮廓线。然后单击操控面板上的✔按钮退出加工区域的定义。

　　④ 系统显示"NC SEQUENCE（NC 序列）"菜单。

　　（6）显示走刀轨迹　单击"Play Path（演示轨迹）"→"Screen Play（屏幕演示）"，显示"播放路径"对话框，单击其上的　▶　按钮，即可生成走刀轨迹，如图 8-25 所示。

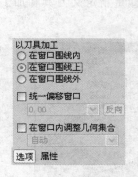

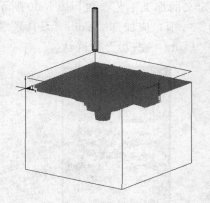

图 8-24　操控面板 "选项"　　　　　　　图 8-25　走刀轨迹

（7）加工过程动态仿真　单击 "Done Seq（完成序列）" 项，在加工工具条中单击 "调出工艺管理器" 图标 囗，弹出 "制造工艺表"，在制造工艺表中，选中第一道工序后，按住〈Ctrl〉键再选中本道工序，右键单击选中的所有工序，单击 "NC 检测"，如图 8-26 所示，系统自动弹出 VERICUT 的加工仿真的软件，加工过程动态仿真结果如图 8-27 所示。

步骤六：定义清根加工工序

【NC Sequence（NC 序列）】→【新序列】。

（1）定义加工方法　单击 "Local Mill（局部铣削）" 选项→ "Done（完成）"。

（2）指定创建清根加工的方法　"LOCAL OPT（局部选项）" 菜单中的选项是系统提供的所有创建清根加工的方法。接受图 8-28 所示菜单中的默认选项，即切除前面某一工序的剩余材料，单击 "Done（完成）"，单击图 8-29 "选取特征" 菜单中的 "NC 序列" 选项，然后单击 "体积块铣削，Operation：OPO10." → "切削运动 ♯1"。

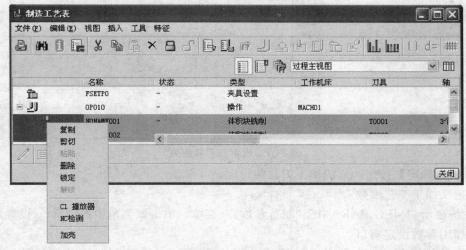

图 8-26　制造工艺表

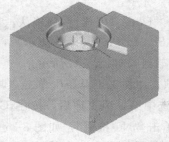

图 8-27　加工过程动态仿真结果　　　图 8-28　"局部选项" 菜单　　　图 8-29　"选取特征" 菜单

（3）选择需定义的加工工艺参数　图 8-30 所示"序列设置"菜单中的默认选项仅为"Parameters（参数）"一项，应加选"Tool（刀具）"项，即重新定义刀具和加工参数，如图 8-31 所示，然后单击"Done（完成）"项确认。

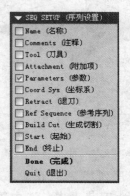 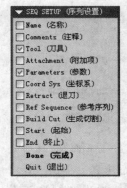

　　　图 8-30　"序列设置"菜单　　　　　　图 8-31　加选"刀具"项

（4）定义刀具参数

① 系统弹出"刀具设定"对话框，利用该窗口可以设定加工所需刀具。

② 该窗口已设定刀具 T0001、T0002，现可单击 [ ] 按钮，增加一把直径较小的刀具用于清根加工，输入刀具参数如图 8-32 所示。设定完成后，单击该窗口中的【应用】按钮。

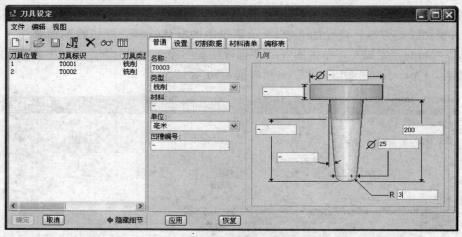

图 8-32　设定的刀具参数

③ 单击【确定】按钮，完成加工刀具的设定。

（5）定义加工工艺参数

① 系统显示"MFG PARAMS（制造参数）"菜单，单击该菜单中的"Set（设置）"选项，系统弹出加工参数设定窗口。

② 窗口中标记为"－1"的选项，表示用户必须进行设定。设定后的加工参数如图 8-33 所示。

③ 单击"文件"→"退出"，完成加工工艺参数的设定。

④ 系统返回"MFG PARAMS（制造参数）"菜单，单击"Done（完成）"项确认。

（6）显示走刀轨迹　单击"Play Path（演示轨迹）"→"Screen Play（屏幕演示）"，显示"播放路径"对话框，单击其上的 ▶ 按钮，即可生成走刀轨迹，如图 8-34 所示。

（7）加工过程动态仿真　单击"Done Seq（完成序列）"项，在加工工具条中单击"调出工艺管理器"图标 ，弹出"制造工艺表"，在制造工艺表中，选中第一道工序后，按住〈Ctrl〉键再选中第二道工序和本道工序，右键单击选中的所有工序，单击"NC 检测"，如图 8-35 所示，系统自动弹出 VERICUT 的加工仿真的软件，加工过程动态仿真结果如图 8-36 所示。

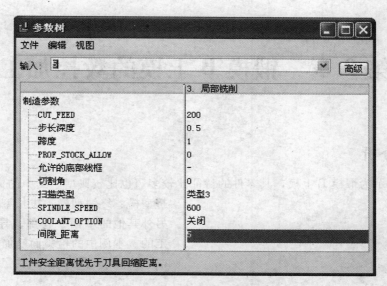

图 8-33　设定的加工参数

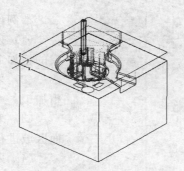

图 8-34　走刀轨迹

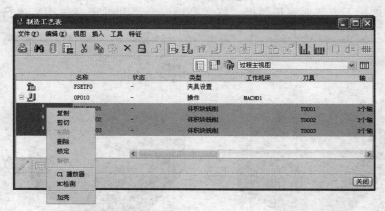

图 8-35　制造工艺表

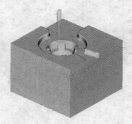

图 8-36　加工过程动态仿真结果

第9章 锻模 B 上模的数控加工

9.1 零件分析

如图 9-1 所示为锻模 B 上模,其零件的特征比较多,也比较典型。其中的锁扣面、闭式滚挤型槽、终锻型槽、拔长型槽都需要加工,另外其他的平面、仓部、导面也是需要加工的。本例中的检验面已加工。

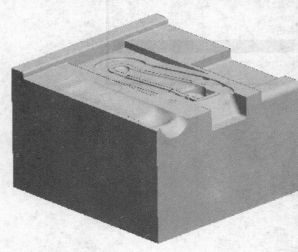

图 9-1 锻模 B 上模

9.2 工艺分析

本例可以分以下工序加工。

(1)采用型腔加工方法进行锻模 B 上模的粗加工。

(2)采用轮廓加工方法对锁扣面进行精加工。

(3)采用表面加工的方法对所有的平面区域进行精加工。

(4)采用曲面加工方法对型腔两端进行精加工。

(5)采用曲面加工方法对滚挤型槽、终锻型槽、仓部和导面(斜面)进行精加工。图 9-2 是加工流程图。

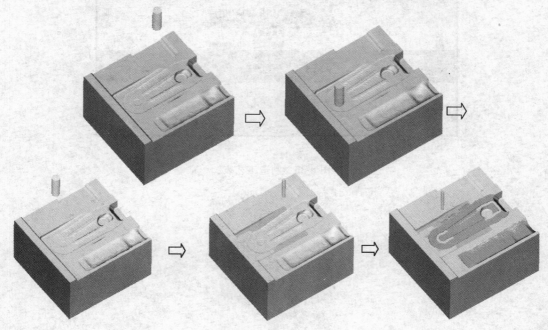

图 9-2 加工流程图

表 9-1 为加工工序及主要加工参数。

表 9-1　加工工序及主要加工参数

加工序号	加工工序	加工方法	刀具	转速/(r/min)	进给速度/(mm/min)
1	锻模 B 上模的粗加工	体积块	D30R5	1200	1500
2	锁扣面精加工	轮廓	D30R5	1500	1500
3	平面的精加工	体积块	D30R5	1500	1500
4	型腔两端的精加工	曲面	D12R1	3000	1500
5	精加工	曲面	D10R5	3000	1000

9.3　操作步骤

步骤一：进入零件加工模块，新建制造文件

单击"文件"→"新建"→"制造"→"NC 组件"，输入文件名：mfg _ B. mfg，接受选择"使用缺省模板"，单击【确定】按钮。

步骤二：创建制造模型

首先调出设计模型。单击"Mfg Model（制造模型）"→"Assemble（装配）"→"Ref Model（参照模型）"，选取 mfg _ B _ s. prt，单击【打开】按钮，系统自动调出零件模型，同时出现装配操控面板，装配时参考图 9-3 所示的最后位置，即使零件左侧面（以图 9-3 为准）与 NC _ ASM _ FRONT 对齐、零件前面与 NC _ ASM _ RIGHT 匹配、零件底面与 NC _ ASM _ TOP 对齐。

再调出毛坯模型。单击"Assemble（装配）"→"Workpiece（工件）"，选取 mfg _ 500 _ wp. prt，单击【打开】按钮，其余操作同上，可完成毛坯模型的装配。

最后，装配好的制造模型如图 9-4 所示。

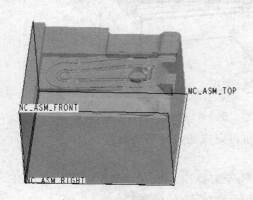

图 9-3　零件模型的装配

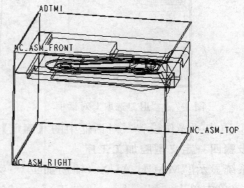

图 9-4　制造模型

步骤三：设置制造环境

在"MANUFACTURE（制造）"菜单中单击"Mfg Setup（制造设置）"项，系统显示"操作设置"对话框。

（1）操作名称　采用默认值 OP010。

（2）机床设置　点击按钮，出现"机床设置"对话框，采用默认值：机床名称为 MACH01、机床类型为铣床、轴数为三轴，单击【确定】按钮。

（3）确定加工坐标系

① 点击"操作设置"对话框中"加工零点"右侧的按钮，出现"MACH CSYS（制造坐标系）"菜单和"选取"对话框，如图 9-5 所示。

② 接受"MACH CSYS（制造坐标系）"菜单中的"Select（选取）"菜单项，点选 CS0 作

为加工坐标系。

③ 设定完成后的加工坐标系如图 9-6 所示。

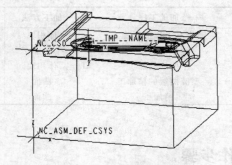

图 9-5　加工坐标系设定菜单　　　　图 9-6　设定好的工件坐标系

（4）退刀面设置

① 点击"操作设置"对话框中"退刀"选区下"曲面"右侧的 按钮，出现"退刀选取"对话框，要求设定退刀平面，如图 9-7 所示。

② 单击窗口中的"沿 Z 轴"，系统自动将光标移到对话框下方的"输入 Z 深度"处，输入数值 50，然后单击【确定】按钮，生成退刀平面 ADTM1，如图 9-8 所示。

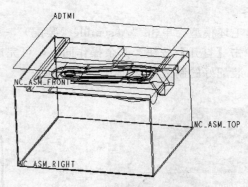

图 9-7　"退刀选取"对话框　　　　图 9-8　生成的退刀平面

③ 点击"操作设置"对话框中的【确定】按钮，完成加工环境的设置。

步骤四：定义型腔加工工序

系统显示"MACH AUX（辅助加工）"菜单［若未弹出，可在"MANUFACTURE（制造）"菜单中单击"Machining（加工）"→"NC Sequence（NC 序列）"］。

（1）定义加工方法　单击"Volume（体积块）"→"Done（完成）"。

（2）工序设置　如图 9-9 所示，默认的需定义工艺参数选项为：刀具、参数和 Volume 体积块。此时改选"Window（窗口）"，即采用定义窗口的方式来定义加工型腔，然后单击"Done（完成）"项确认。

（3）定义刀具参数

① 系统弹出"刀具设定"对话框，利用该窗口可以设定加工所需刀具。

② 输入刀具参数如图 9-10 所示。设定完成后，单击该窗口中的【应用】按钮，在窗口的左边列表中出现"T0001"刀具。

③ 单击【确定】按钮，完成加工刀具的设定。

（4）定义加工工艺参数

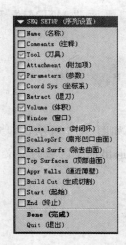

图 9-9　NC 工序需定义参
数的选择菜单

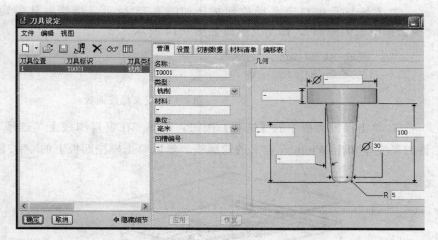

图 9-10　设定的刀具参数

① 系统显示"MFG PARAMS（制造参数）"菜单。单击该菜单中的"Set（设置）"选项，系统弹出加工参数设定窗口。

② 窗口中标记为"－1"的选项，表示用户必须进行设定。设定后的加工参数如图 9-11 所示。

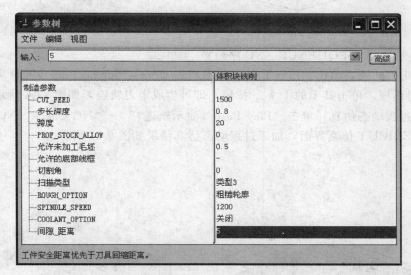

图 9-11　设定好的加工参数

③ 单击"文件"→"退出"，完成加工工艺参数的设定。

④ 系统返回"MFG PARAMS（制造参数）"菜单，单击"Done（完成）"项确认。

（5）定义加工区域

① 系统显示"DEFINE WIND（定义窗口）"菜单和"选取"对话框，如图 9-12 所示。单击  按钮。

图 9-12　"定义窗口"菜单

② 系统显示窗口定义操控面板，如图 9-13 所示，接受默认的窗口平面 "ADTM1" 和 "侧面影像参照模型"，即定义窗口如图 9-14 所示。

图 9-13　定义操控面板

③ 单击操控面板中的【选项】按钮，选择 "在窗口围线上" 选项，如图 9-15 所示，即允许刀具完全切出 Window 定义的轮廓线。然后单击操控面板上的 ✔ 按钮退出加工区域的定义。

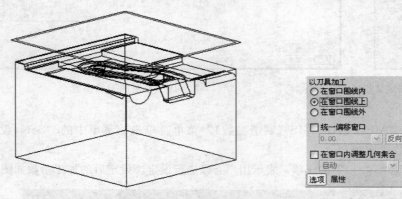

图 9-14　定义窗口　　　　　　　图 9-15　操控面板选项

④ 系统显示 "NC SEQUENCE（NC 序列）" 菜单。

（6）显示走刀轨迹　单击 "Play Path（演示轨迹）" → "Screen Play（屏幕演示）"，显示 "播放路径" 对话框，单击其上的 ▶ 按钮，即可生成走刀轨迹，如图 9-16 所示。

（7）加工过程动态仿真　单击 "Play Path（演示轨迹）" → "NC Check（NC 检测）"，系统自动弹出 VERICUT 仿真界面，加工过程动态仿真结果如图 9-17 所示。

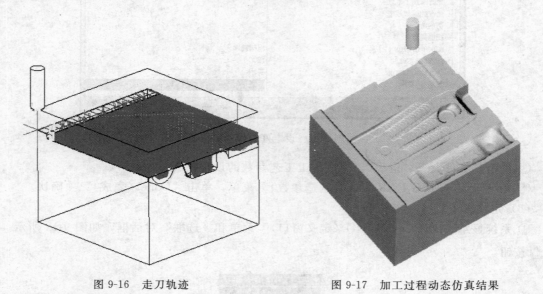

图 9-16　走刀轨迹　　　　　　　图 9-17　加工过程动态仿真结果

（8）单击 "Done Seq（完成序列）" 项，此时便完成了第一道 NC 工序的定义。

步骤五：定义轮廓加工工序

"NC Sequence（NC 序列）" → "新序列"。

（1）定义加工方法　单击 "Profile（轮廓）" → "Done（完成）"。

（2）工序设置　接受 "序列设置" 菜单中的默认选项：参数和曲面，如图 9-18 所示，然后单击"Done（完成）"项确认。

（3）定义加工工艺参数

① 系统显示"MFG PARAMS（制造参数）"菜单，单击"Set（设置）"选项，系统弹出"加工参数设定"窗口。

② 窗口中标记为"－1"的选项，表示用户必须进行设定，设定后的加工参数如图 9-19 所示。

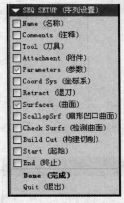
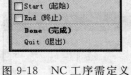

图 9-18　NC 工序需定义
参数的选择菜单

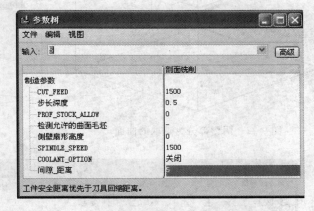

图 9-19　设定好的加工参数

③ 单击"文件"→"退出"，完成加工工艺参数的设定。

④ 系统返回"MFG PARAMS（制造参数）"菜单，单击"Done（完成）"项确认。

（4）定义加工表面区域

① 系统显示"SURF PICK（曲面拾取）"菜单，如图 9-20 所示。接受"Model（模型）"项，单击"Done（完成）"项确认。

② 系统显示"选取曲面"菜单和"选取"对话框，如图 9-21 所示，点选零件的外表面（多选用 Ctrl），确认图 9-22 所示的阴影部分为选取的曲面。

图 9-20　"曲面拾取"菜单　　　　　图 9-21　"选取曲面"菜单

③ 单击【确定】按钮，再依次单击"完成"→"完成/返回"→"完成/返回"。

④ 系统显示"NC SEQUENCE（NC 序列）"菜单。

（5）显示走刀轨迹　单击"Play Path（演示轨迹）"→"Screen Play（屏幕演示）"，显示"播放路径"对话框，单击其上的 ▶ 按钮，即可生成走刀轨迹，如图 9-23 所示。

（6）加工过程动态仿真　单击"Done Seq（完成序列）"项，在加工工具条中单击"调出工艺管理器"图标，弹出"制造工艺表"，在制造工艺表中，选中第一道工序后，按住〈Ctrl〉键再选中本道工序，右键单击选中的所有工序，单击"NC 检测"，如图 9-24 所示，系统自动弹出 VERICUT 的加工仿真的软件，加工过程动态仿真结果如图 9-25 所示。

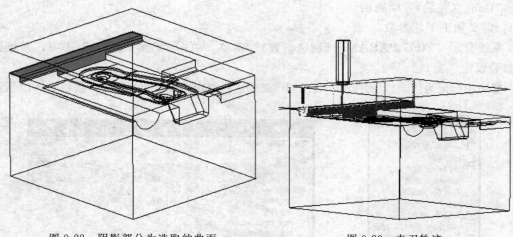

图 9-22　阴影部分为选取的曲面　　　　　　图 9-23　走刀轨迹

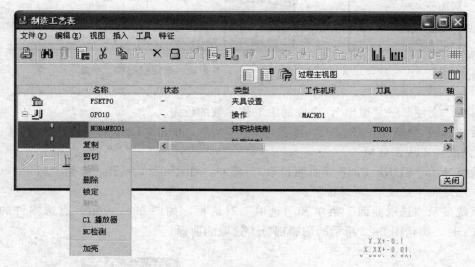

图 9-24　制造工艺表

步骤六：加工平面——定义体积块加工工序

【NC Sequence（NC 序列）】→【新序列】。

（1）定义加工方法　单击 "Volume（体积块）"→"Done（完成）"。

（2）工序设置　接受 "序列设置" 菜单中的默认选项：参数和 Volume 体积，不选参数：【刀具】，即使用与前道工序相同的刀具，如图 9-26 所示，然后单击 "Done（完成）" 项确认。

（3）定义加工工艺参数

① 系统显示 "MFG PARAMS（制造参数）" 菜单，单击 "Set（设置）" 选项，系统弹出 "加工参数设定" 窗口。

② 窗口中标记为 "-1" 的选项，表示用户必须进行设定，设定后的加工参数如图 9-27 所示。

③ 单击 "文件"→"退出"，完成加工工艺参数的设定。

④ 系统返回 "MFG PARAMS（制造参数）" 菜单，单击 "Done（完成）" 项确认。

（4）定义加工区域

① 系统显示 "选取" 对话框，提示选取定义好的铣削体积块。在此使用创建特征的方法定义加工区域，单击 按钮，系统自动进入建模界面。

② 创建拉伸特征作为体积块。选择上表面作为草绘面，方向向上拉伸，并使用默认的参

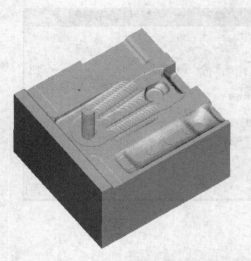

图 9-25 加工过程动态仿真结果　　　　图 9-26 NC 工序需定义参数的选择菜单

考面，然后草绘如图 9-28 所示轮廓（尽量使用"使用边"方法），最后拉伸到分型面，单击 ☑ 按钮完成拉伸特征的创建。

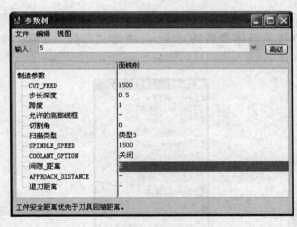

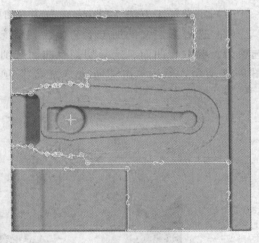

图 9-27 设定好的加工参数　　　　　　图 9-28 草绘轮廓

③ 完成体积块的创建后，单击工作区右侧的 ☑ 按钮退出建模界面。

（5）显示走刀轨迹　单击"Play Path（演示轨迹）"→"Screen Play（屏幕演示）"，显示"播放路径"对话框，单击其上的 ▶ 按钮，即可生成走刀轨迹，如图 9-29 所示。

（6）加工过程动态仿真　单击"Done Seq（完成序列）"项，在加工工具条中单击"调出工艺管理器"图标 📖，弹出"制造工艺表"窗口，在"制造工艺表"窗口中，选中第一道工序后，按住〈Ctrl〉键，再选中第二道工序和本道工序，右键单击选中的所有工序，单击"NC 检测"，如图 9-30 所示，系统自动弹出 VERICUT 的加工仿真的软件，加工过程动态仿真结果如图 9-31 所示。

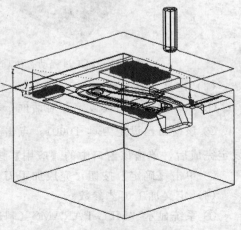

图 9-29 走刀轨迹

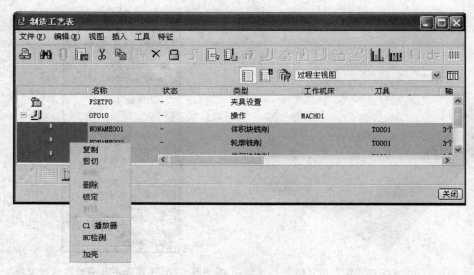

图 9-30　制造工艺表

步骤七：定义曲面加工工序

【NC Sequence（NC 序列）】→【新序列】。

（1）定义加工方法　"Surface Mill（曲面铣削）"选项→"Done（完成）"。

（2）选择需定义的加工工艺参数　系统显示"序列设置"菜单，默认的已勾选的工艺参数选项为：参数、曲面、定义切割（曲面铣削方法及具体参数的定义），增选"刀具"选项，如图 9-32 所示，然后单击"Done（完成）"项确认。

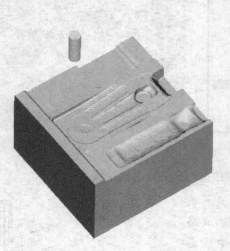

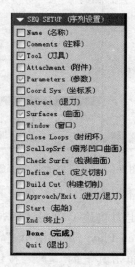

图 9-31　加工过程动态仿真结果　　　　图 9-32　"序列设置"菜单

（3）定义刀具参数

① 系统弹出"刀具设定"对话框，利用该窗口可以设定加工所需的刀具。

② 该窗口已设定刀具 T0001，点击 ⬚ 按钮新建另一刀具，输入刀具参数如图 9-33 所示。设定完成后，单击该窗口中的【应用】按钮。

③ 单击【确定】按钮，完成加工刀具的设定。

（4）定义加工工艺参数

① 系统显示"MFG PARAMS（制造参数）"菜单，单击"Set（设置）"选项，系统弹出"加工参数设定"窗口。

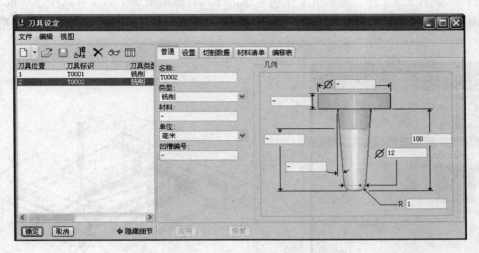

图 9-33　设定刀具参数

② 窗口中标记为"－1"的选项，表示用户必须进行设定。设定后的加工参数如图 9-34 所示。

③ 单击【高级】按钮，在"切割选项"参数组中找到"余部曲面（REMAINDER＿SUR-FACE）"，设置为"是"。

④ 单击"文件"→"退出"，完成加工工艺参数的设定。

⑤ 系统返回"MFG PARAMS（制造参数）"菜单，单击"Done（完成）"项确认。系统显示"SURF PICK（曲面拾取）"菜单，单击该菜单中的"Model（模型）"选项，单击"Done（完成）"项确认，系统选取曲面的窗口。选如图 9-35 所示的曲面。单击"Done/Return（完成/返回）"项确认。

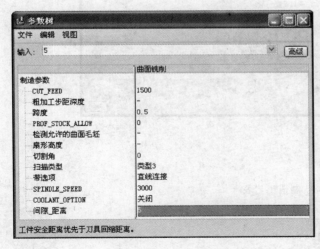

图 9-34　设定的加工参数

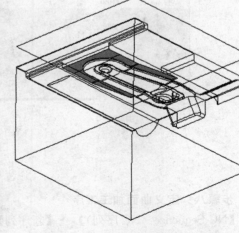

图 9-35　加工的曲面

（5）曲面铣削方法及具体参数的定义　系统显示"切削定义"对话框，如图 9-36 所示，取默认选项，即曲面铣削方法采用截面线法，单击【确定】按钮。系统显示"NC SE-QUENCE（NC 序列）"菜单。

（6）显示走刀轨迹　单击"Play Path（演示轨迹）"→"Screen Play（屏幕演示）"，显示"播放路径"对话框，单击其上的 ▶ 按钮，即可生成走刀轨迹，如图 9-37 所示。

（7）加工过程动态仿真　单击"Done Seq（完成序列）"项，在加工工具条中单击"调出工艺管理器"图标，弹出"制造工艺表"，在"制造工艺表"中，选中第一道工序后，按住

〈Ctrl〉键再选中第二道工序、第三道工序和本道工序，右键单击选中的所有工序，单击"NC 检测"，如图 9-38 所示，系统自动弹出 VERICUT 的加工仿真的软件，加工过程动态仿真结果如图 9-39 所示。

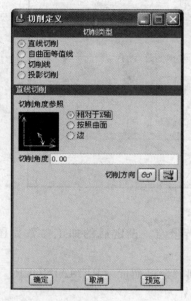

图 9-36 "切削定义"对话框

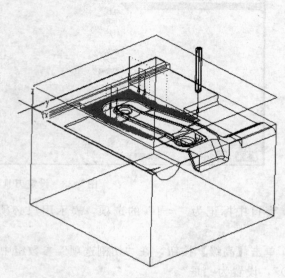

图 9-37 走刀轨迹

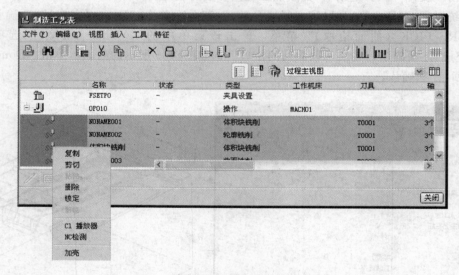

图 9-38 制造工艺表

步骤八：定义曲面加工工序

【NC Sequence（NC 序列）】→【新序列】。

（1）定义加工方法　单击"Surface Mill（曲面铣削）"选项→"Done（完成）"。

（2）选择需定义的加工工艺参数　系统显示"序列设置"菜单，默认的已勾选的工艺参数选项为：参数、曲面、定义切割（曲面铣削方法及具体参数的定义），增选"刀具"选项，如图 9-40 所示，然后单击"Done（完成）"项确认。

（3）定义刀具参数

① 系统弹出"刀具设定"对话框，利用该窗口可以设定加工所需刀具。

② 该窗口已设定刀具 T0001、T0002，点击 ⬜ 按钮新建另一把刀具，为避免过切，使用球头铣刀，输入刀具参数如图 9-41 所示。设定完成后，单击该窗口中的【应用】按钮。

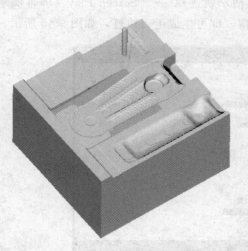

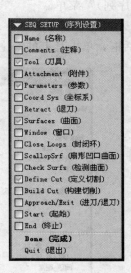

图 9-39　加工过程动态仿真结果　　　　　图 9-40　"序列设置"菜单

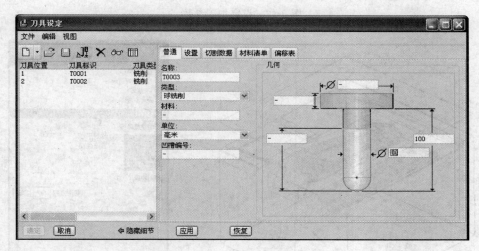

图 9-41　设定的刀具参数

③ 单击【确定】按钮，完成加工刀具的设定。

（4）定义加工工艺参数

① 系统显示"MFG PARAMS（制造参数）"菜单，单击"Set（设置）"选项，系统弹出加工参数设定窗口。

② 窗口中标记为"－1"的选项，表示用户必须进行设定。设定后的加工参数如图 9-42 所示。

③ 单击【高级】按钮，在"切割选项"参数组中找到"余部曲面（REMAINDER_SURFACE）"，设置为"是"。

④ 单击"文件"→"退出"，完成加工工艺参数的设定。

⑤ 系统返回"MFG PARAMS（制造参数）"菜单，单击"Done（完成）"项确认。系统显示"SURF PICK（曲面拾取）"菜单，单击该菜单中的"Model（模型）"选项，单击"Done（完成）"项确认，系统选取曲面的窗口。选如图 9-43 所示的曲面。单击"Done/Return（完成/返回）"项确认。

（5）曲面铣削方法及具体参数的定义　系统显示"切削定义"对话框，如图 9-44 所示，取默认选项，即曲面铣削方法采用截面线法，单击【确定】按钮。系统显示"NC SE-

181

QUENCE（NC 序列）"菜单。

　　（6）显示走刀轨迹　单击"Play Path（演示轨迹）"→"Screen Play（屏幕演示）"，显示"播放路径"对话框，单击其上的　▶　按钮，即可生成走刀轨迹，如图 9-45 所示。

图 9-42　设定加工参数

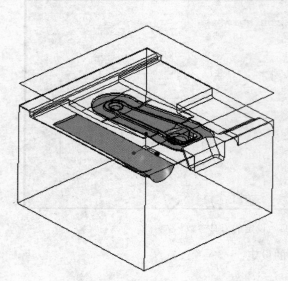

图 9-43　加工曲面

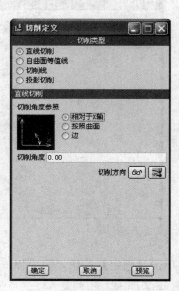

图 9-44　"切削定义"对话框

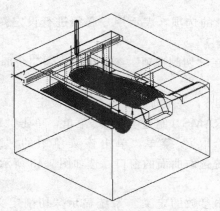

图 9-45　走刀轨迹

（7）加工过程动态仿真　单击"Done Seq（完成序列）"项，在加工工具条中单击"调出工艺管理器"图标，弹出"制造工艺表"，在"制造工艺表"中，选中第一道工序后，按住〈Ctrl〉键再选中第二道工序、第三道工序和本道工序，右键单击选中的所有工序，单击"NC检测"，如图9-46所示，系统自动弹出VERICUT的加工仿真的软件，加工过程动态仿真结果如图9-47所示。

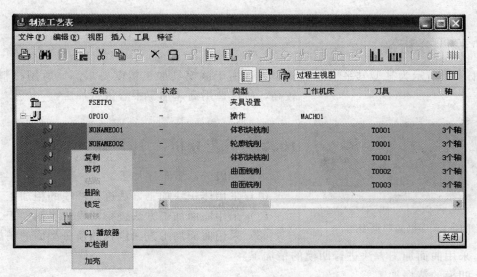

图9-46　制造工艺表

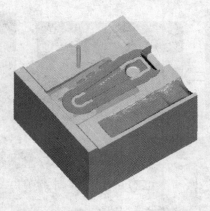

图9-47　加工过程动态仿真结果

第 10 章　手机型腔的数控加工

10.1　零件分析

如图 10-1 所示为某型号手机的凹模型腔，由于该模具加工精度要求高，所用材料硬度也较高，所以选用高速加工中心进行加工。

图 10-1　手机的凹模型腔

10.2　工艺分析

本例可以分以下工序加工。

（1）采用体积块加工方法进行凹模的粗加工。

（2）采用曲面加工方法进行凹模的半精加工。

（3）采用曲面加工方法进行凹模分型面的精加工。

（4）采用曲面加工方法进行凹模的精加工。

（5）凹模的清根加工。

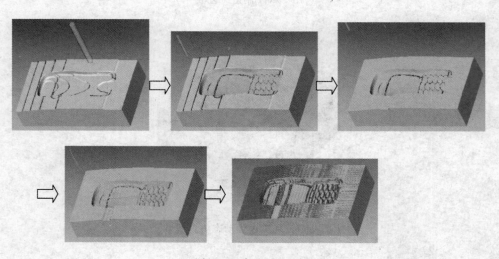

图 10-2　加工流程图

表 10-1 为加工工序及主要加工参数。

表 10-1　加工工序及主要加工参数

加工序号	加工工序	加工方法	刀具	转速/(r/min)	进给速度/(mm/min)
1	凹模的粗加工	体积块	D10R3	8000	3500
2	凹模的半精加工	曲面	φ4 球刀	22000	1200
3	分型面的精加工	曲面	φ4 球刀	22000	1200
4	凹模的精加工	曲面	φ2 球刀	32000	1200
5	凹模的清根加工	清根	φ1 球刀	36000	800

10.3　操作步骤

步骤一：进入零件加工模块，新建制造文件

将工作目录设置为"chapter10"。

单击"文件"→"新建"→"制造"/"NC 组件"，输入文件名：mfg_mobile，接受选择"使用缺省模板"，单击【确定】按钮。

步骤二：创建制造模型

首先调出设计模型。单击"Mfg Model（制造模型）"→"Assemble（装配）"→"Ref Model（参照模型）"选取 mfg_mobile_rm.prt，单击【打开】按钮，系统自动调出零件模型，同时出现装配操控面板，装配时参考图 10-3 所示的最后位置，即使零件左侧面（以图 10-3 为准）与 NC_ASM_RIGHT 对齐、零件前面与 NC_ASM_FRONT 匹配、零件底面与 NC_ASM_TOP 对齐。

再调出毛坯模型。单击"Assemble（装配）"→"Workpiece（工件）"，选取 mfg_mobile_wp.prt，单击【打开】按钮，其余操作同上，可完成毛坯模型的装配。

最后，装配好的制造模型如图 10-4 所示。

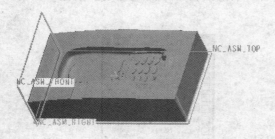

图 10-3　零件模型的装配

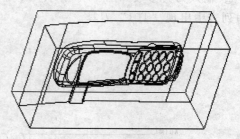

图 10-4　制造模型

步骤三：设置制造环境

在"MANUFACTURE（制造）"菜单中单击"Mfg Setup（制造设置）"项，系统显示"操作设置"对话框。

（1）操作名称　采用默认值 OP010。

（2）机床设置　点击 按钮，出现"机床设置"对话框，采用默认值：机床名称为 MACH01、机床类型为铣床、轴数为三轴，单击【确定】按钮。

（3）确定加工坐标系

① 点击"操作设置"对话框中"加工零点"右侧的 按钮，出现"MACH CSYS（制造坐标系）"菜单和"选取"对话框，如图 10-5 所示。

② 接受"MACH CSYS（制造坐标系）"菜单中的"Select（选取）"菜单项，点选 CS0 作为加工坐标系。

③ 设定完成后的加工坐标系如图 10-6 所示。

图 10-5　加工坐标系设定菜单

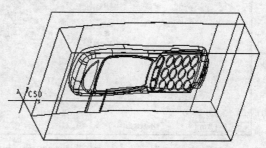

图 10-6　设定好的工件坐标系

（4）退刀面设置

① 点击"操作设置"对话框中"退刀"选区下"曲面"右侧的  按钮，出现"退刀选取"对话框，要求设定退刀平面。

② 单击窗口中的"沿 Z 轴"，系统自动将光标移到对话框下方的"输入 Z 深度"处，输入数值 50，然后单击【确定】按钮，生成退刀平面 ADTM1，如图 10-7 所示。

③ 点击"操作设置"对话框中的【确定】按钮，完成加工环境的设置。

步骤四：定义体积块加工工序

系统显示"MACH AUX（辅助加工）"菜单［若未弹出，可在"MANUFACTURE（制造）"菜单中单击"Machining（加工）"→"NC Sequence（NC 序列）"］。

（1）定义加工方法　单击"Volume（体积块）"→"Done（完成）"。

（2）工序设置　如图 10-8 所示，默认的需定义工艺参数选项为：刀具、参数和 Volume 体积块，此时改选"Window（窗口）"，即采用定义窗口的方式来定义加工型腔，然后单击"Done（完成）"项确认。

（3）定义刀具参数

① 系统弹出"刀具设定"对话框，利用该窗口可以设定加工所需刀具。

② 输入刀具参数如图 10-9 所示。设定完成后，单击该窗口中的【应用】按钮，在窗口的左边列表中出现"T01"刀具。

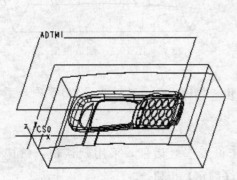

图 10-7　生成的退刀平面

图 10-8　NC 工序需定义参数的选择

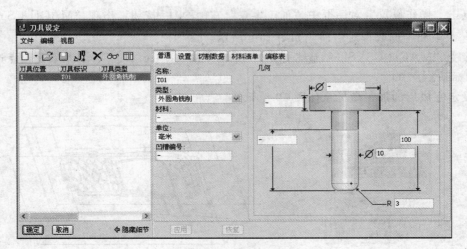

图 10-9　设定的刀具参数

③ 单击【确定】按钮，完成加工刀具的设定。

（4）定义加工工艺参数

① 系统显示"MFG PARAMS（制造参数）"菜单。单击该菜单中的"Set（设置）"选项，系统弹出加工参数设定窗口。

② 窗口中标记为"－1"的选项，表示用户必须进行设定。设定后的加工参数如图 10-10 所示。

③ 单击"文件"→"退出"，完成加工工艺参数的设定。

④ 系统返回"MFG PARAMS（制造参数）"菜单，单击"Done（完成）"项确认。

（5）定义加工区域

① 系统显示"DEFINE WIND（定义窗口）"菜单和"选取"对话框，如图 10-11 所示。单击 按钮。

② 系统显示窗口定义操控面板，如图 10-12 所示，接受默认的窗口平面"ADTM1"和"侧面影像参照模型"，即定义窗口如图 10-13 所示。

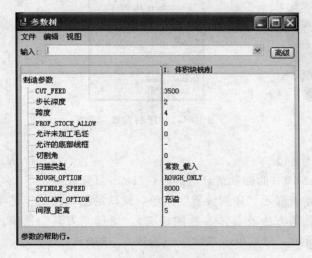

图 10-10　设定好的加工参数　　　　　　　图 10-11　"定义窗口"菜单

图 10-12　定义操控面板

③ 单击操控面板中的【选项】按钮，选择"在窗口围线上"选项，即允许刀具完全切出 Window 定义的轮廓线。然后单击操控面板上的 按钮退出加工区域的定义，如图 10-14 所示。

④ 系统显示"NC SEQUENCE（NC 序列）"菜单。

（6）显示走刀轨迹　单击"Play Path（演示轨迹）"→"Screen Play（屏幕演示）"，显示"播放路径"对话框，单击其上的　▶　按钮，即可生成走刀轨迹，如图 10-15 所示。

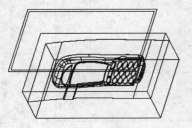
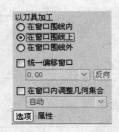
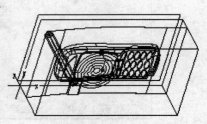

图 10-13　定义窗口　　　　图 10-14　操控面板中"选项"　　　　图 10-15　走刀轨迹

（7）加工过程动态仿真　单击"Play Path（演示轨迹）"→"NC Check（NC 检测）"→"Run（运行）"，如图 10-16 所示。

（8）单击图 8-17 所示"NC Check（NC 检测）"菜单的"Save（保存）"项，系统弹出"保存副本"对话框，在"新建名称"文本框中输入 sequence1，将经过型腔加工后的形状加以保存。

（9）单击"Done Seq（完成序列）"项，此时便完成了第一道 NC 工序的定义。

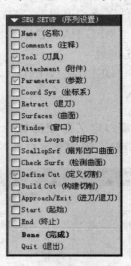

图 10-16　加工过程动态仿真结果　　　图 10-17　"序列设置"菜单

步骤五：定义曲面加工工序 Ⅰ

【NC Sequence（NC 序列）】→【新序列】。

（1）定义加工方法　单击"Surface Mill（曲面铣削）"选项→"Done（完成）"。

（2）选择需定义的加工工艺参数　系统显示"序列设置"菜单，默认的已勾选的工艺参数选项为：参数、曲面、定义切割（曲面铣削方法及具体参数的定义），增选"刀具"选项，点选"Window（窗口）"项，如图 10-17 所示，然后单击"Done（完成）"项确认。

（3）定义刀具参数

① 系统弹出"刀具设定"对话框，利用该窗口可以设定加工所需刀具。

② 该窗口已设定刀具 T01，点击 按钮新建另一把刀具。为避免过切，宜使用球头铣刀，输入刀具参数，如图 10-18 所示。设定完成后，单击该窗口中的【应用】按钮。

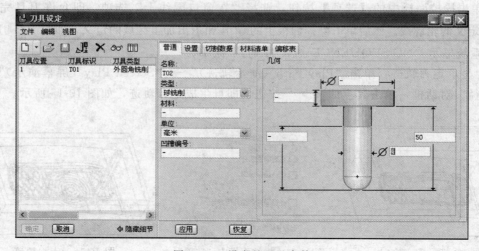

图 10-18　设定的刀具参数

③ 单击【确定】按钮，完成加工刀具的设定。

（4）定义加工工艺参数

① 系统显示"MFG PARAMS（制造参数）"菜单，单击"Set（设置）"选项，系统弹出"加工参数设定"窗口。

② 窗口中标记为"－1"的选项，表示用户必须进行设定。设定后的加工参数如图 10-19 所示。

③ 单击"文件"→"退出"，完成加工工艺参数的设定。

④ 系统返回"MFG PARAMS（制造参数）"菜单，单击"Done（完成）"项确认。

（5）定义待加工曲面

① 系统显示"DEFINE WIND（定义窗口）"菜单和"选取"对话框，如图 10-20 所示。单击工具栏上的按钮。

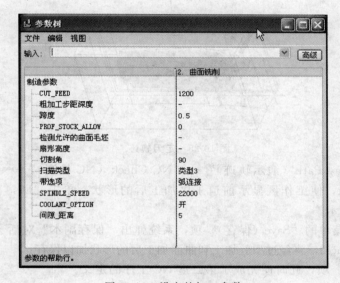

图 10-19　设定的加工参数

图 10-20　"定义窗口"菜单

② 系统显示窗口定义操控面板，如图 10-21 所示。单击按钮，并单击按钮，以工件前面为视角参照面，单击【草绘】按钮进入草绘界面，草绘如图 10-22 所示图形（可用"通过边创建图元"命令取出边界，并用按钮进行修剪使其闭合）。确认退出草绘模块。

③ 定义的窗口如图 10-23 所示，然后单击操控面板上的按钮退出加工区域的定义。

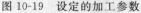

图 10-21　定义操控面板

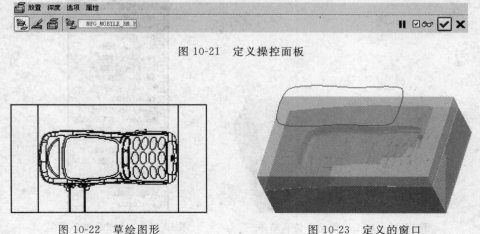

图 10-22　草绘图形　　　　图 10-23　定义的窗口

（6）曲面铣削方法及具体参数的定义 系统显示"切削定义"对话框，如图 10-24 所示，取默认选项，即曲面铣削方法采用截面线法，单击【确定】按钮。系统显示"NC SE-QUENCE（NC 序列）"菜单。

（7）显示走刀轨迹 单击"Play Path（演示轨迹）"→"Screen Play（屏幕演示）"，显示"播放路径"对话框，单击其上的 ▶ 按钮，即可生成走刀轨迹，如图 10-25 所示。

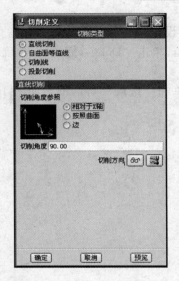

图 10-24 "切削定义"对话框

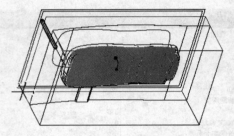

图 10-25 走刀轨迹

（8）加工过程动态仿真 单击"Play Path（演示轨迹）"→"NC Check（NC 检测）"→"Restore（恢复）"，打开 sequence1.nck，使工作区显示前道工序加工后的形状，单击"Display"→"Run（运行）"，如图 10-26 所示。

（9）单击"NC Check（NC 检测）"菜单的"Save（保存）"项，系统弹出"保存副本"对话框，在"新建名称"文本框中输入 sequence2，将经过型腔加工和曲面加工后的形状加以保存。

（10）点选"Done Seq（完成序列）"项，此时便完成了第二道 NC 工序的定义。

步骤六：定义曲面加工工序Ⅱ

【NC Sequence（NC 序列）】→【新序列】。

（1）定义加工方法 单击"Surface Mill（曲面铣削）"选项→"Done（完成）"。

（2）选择需定义的加工工艺参数 系统显示"序列设置"菜单，默认的已勾选的工艺参数选项为：参数、曲面、定义切割（曲面铣削方法及具体参数的定义），单击"Window（窗口）"项，如图 10-27 所示，然后单击"Done（完成）"项确认。

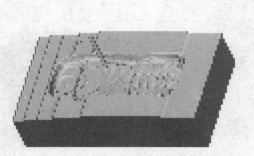

图 10-26 加工过程动态仿真结果

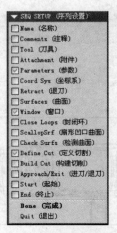

图 10-27 "序列设置"菜单

（3）定义加工工艺参数

① 系统显示"MFG PARAMS（制造参数）"菜单，单击该菜单中的"Set（设置）"选项，系统弹出加工参数设定窗口。

② 窗口中标记为"－1"的选项，表示用户必须进行设定。设定后的加工参数如图 10-28 所示。

③ 单击"文件"→"退出"，完成加工工艺参数的设定。

④ 系统返回"MFG PARAMS（制造参数）"菜单，单击"Done（完成）"项确认。

（4）定义待加工曲面

① 系统显示"DEFINE WIND（定义窗口）"菜单和"选取"对话框，如图 10-29 所示。单击  按钮。

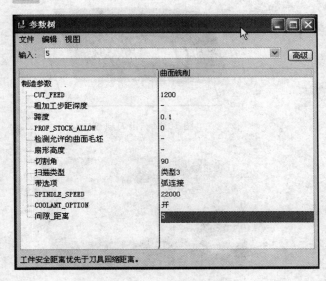

图 10-28　设定的加工参数　　　　　　图 10-29　"定义窗口"菜单

② 系统显示窗口定义操控面板，如图 10-30 所示。单击 按钮，并单击 按钮，以工件前面为视角参照面，单击【草绘】按钮进入草绘界面，草绘如图 10-31 所示图形（可用"通过边创建图元"命令取出边界，并用 按钮进行修剪使其闭合）。确认退出草绘模块。

③ 单击操控面板上【选项】按钮，选择"在窗口围线上"选项，即允许刀具完全切出 Window 定义的轮廓线。

④ 定义的窗口如图 10-32 所示，然后单击操控面板上的 按钮退出加工区域的定义。

图 10-30　定义操控面板

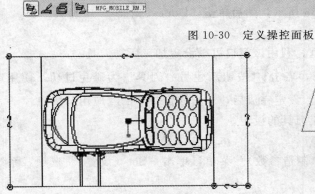

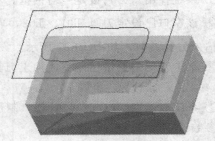

图 10-31　草绘图形　　　　　　　　图 10-32　定义的窗口

（5）曲面铣削方法及具体参数的定义　系统显示"切削定义"对话框，如图 10-33 所示，取默认选项，即曲面铣削方法采用截面线法，单击【确定】按钮。系统显示"NC SEQUENCE（NC 序列）"菜单。

（6）显示走刀轨迹　单击"Play Path（演示轨迹）"→"Screen Play（屏幕演示）"，显示"播放路径"对话框，单击其上的 ▶ 按钮，即可生成走刀轨迹，如图 10-34 所示。

（7）加工过程动态仿真　单击"Play Path（演示轨迹）"→"NC Check（NC 检测）"→"Restore（恢复）"，打开 sequence2.nck，使工作区显示前两道工序加工后的形状，单击"Display"→"Run（运行）"，如图 10-35 所示。

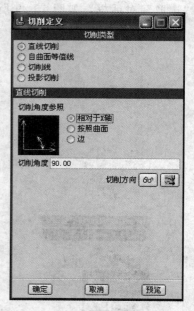

图 10-33　"切削定义"对话框

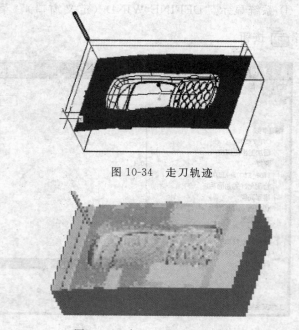

图 10-34　走刀轨迹

图 10-35　加工过程动态仿真结果

（8）单击"NC Check（NC 检测）"菜单的"Save（保存）"项，系统弹出"保存副本"对话框，在"新建名称"文本框中输入 sequence3，将加工后的形状加以保存。

（9）点选"Done Seq（完成序列）"项，此时便完成了第三道 NC 工序的定义。

步骤七：定义曲面加工工序Ⅲ

【NC Sequence（NC 序列）】→【新序列】。

（1）定义加工方法　单击"Surface Mill（曲面铣削）"选项→"Done（完成）"。

（2）选择需定义的加工工艺参数　系统显示"序列设置"菜单，默认的已勾选的工艺参数选项为：参数、曲面、定义切割（曲面铣削方法及具体参数的定义），增选"刀具"选项，点选"Window（窗口）"项，如图 10-36 所示，然后单击"Done（完成）"项确认。

（3）定义刀具参数

① 系统弹出"刀具设定"对话框，利用该窗口可以设定加工所需刀具。

② 该窗口已设定刀具 T01、T02，点击 🗋 按钮新建另一刀具。为避免过切，使用球头铣刀，输入刀具参数，如图 10-37 所示。设定完成后，单击该窗口中的【应用】按钮。

③ 单击【确定】按钮，完成加工刀具的设定。

（4）定义加工工艺参数

① 系统显示"MFG PARAMS（制造参数）"菜单，单击"Set（设置）"选项，系统弹出加工参数设定窗口。

② 窗口中标记为"-1"的选项，表示用户必须进行设定。设定后的加工参数如图 10-38 所示。

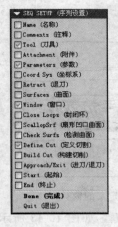

图 10-36　"序列
　　设置"菜单

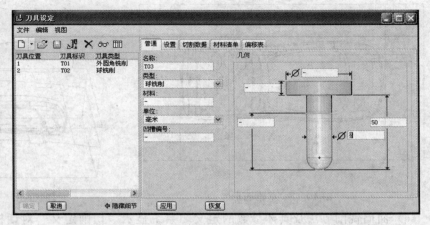

图 10-37　设定的刀具参数

③ 单击【高级】按钮，在"切割选项"参数组中找到"余部曲面（REMAINDER＿SUR-FACE）"，设置为"是"。

④ 单击"文件"→"退出"，完成加工工艺参数的设定。

⑤ 系统返回"MFG PARAMS（制造参数）"菜单，单击"Done（完成）"项确认。

（5）定义待加工曲面

① 系统显示"DEFINE WIND（定义窗口）"菜单和"选取"对话框，如图 10-39 所示。单击 📇 按钮。

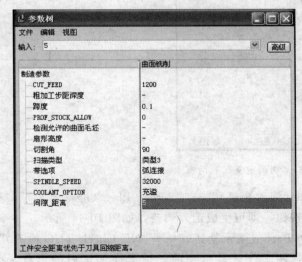

图 10-38　设定好的加工参数

图 10-39　"定义窗口"菜单

② 系统显示窗口定义操控面板，如图 10-40 所示。单击 ✍ 按钮，并单击 ⛰ 按钮，以工件前面为视角参照面，单击【草绘】按钮进入草绘界面，草绘如图 10-41 所示图形（可用"通过边创建图元"命令取出边界，并用 ┿ 按钮进行修剪使其闭合）。确认退出草绘模块。

③ 定义的窗口如图 10-42 所示，然后单击操控面板上的 ✔ 按钮退出加工区域的定义。

图 10-40　定义操控面板

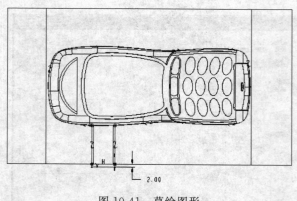

图 10-41　草绘图形

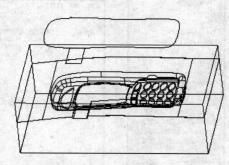

图 10-42　定义的窗口

（6）曲面铣削方法及具体参数的定义　系统显示"切削定义"对话框，如图 10-43 所示，取默认选项，即曲面铣削方法采用截面线法，单击【确定】按钮。系统显示"NC SE-QUENCE（NC 序列）"菜单。

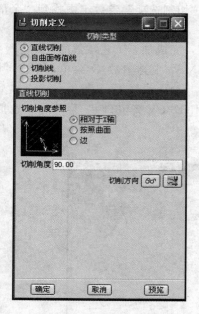

图 10-43　"切削定义"对话框

（7）显示走刀轨迹　单击"Play Path（演示轨迹）"→"Screen Play（屏幕演示）"，显示"播放路径"对话框，单击其上的　▶　按钮，即可生成走刀轨迹，如图 10-44 所示。

（8）加工过程动态仿真　单击"Play Path（演示轨迹）"→"NC Check（NC 检测）"→"Restore（恢复）"，打开 sequence3.nck，使工作区显示经前三道工序加工后的形状，单击"Display"→"Run（运行）"，如图 10-45 所示。

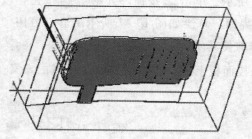

图 10-44　走刀轨迹

图 10-45　加工过程动态仿真结果

（9）单击"NC Check（NC 检测）"菜单的"Save（保存）"项，系统弹出"保存副本"对话框，在"新建名称"文本框中输入 sequence4，将加工后的形状加以保存。

（10）点选"Done Seq（完成序列）"项，此时便完成了第四道 NC 工序的定义。

步骤八：定义清根加工工序

【NC Sequence（NC 序列）】→【新序列】。

（1）定义加工方法　单击"Local Mill（局部铣削）"选项，→"Done（完成）"。

（2）指定创建清根加工的方法　"LOCAL OPT（局部选项）"菜单中的选项是系统提供的所有创建清根加工的方法。接受图 10-46 所示菜单中的默认选项，即切除前面某一工序的剩余材料，单击"Done（完成）"，单击图 10-47"选取特征"菜单中的"NC 序列"选项→"4：曲面铣削，Operation：OPO10"→"切削运用♯1"。

图 10-46　"局部选项"菜单　　　图 10-47　"选取特征"菜单

（3）选择需定义的加工工艺参数　图 10-48 所示"序列设置"菜单中的默认选项仅为"Parameters（参数）"一项，应加选"Tool（刀具）"项，即重新定义刀具和加工参数，如图 10-49 所示，然后单击"Done（完成）"项确认。

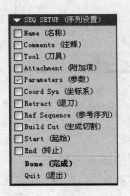 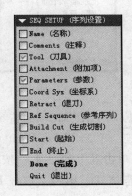

图 10-48　"序列设置"菜单　　　图 10-49　加选"刀具"项

（4）定义刀具参数

① 系统弹出"刀具设定"对话框，利用该窗口可以设定加工所需刀具。

② 该窗口已设定刀具 T01、T02、T03，现可单击 □ 按钮，增加一把直径较小的刀具用于清根加工，输入刀具参数如图 10-50 所示。设定完成后，单击该窗口中的【应用】按钮。

③ 单击【确定】按钮，完成加工刀具的设定。

（5）定义加工工艺参数

① 系统显示"MFG PARAMS（制造参数）"菜单，单击该菜单中的"Set（设置）"选项，系统弹出加工参数设定窗口。

② 窗口中标记为"－1"的选项，表示用户必须进行设定。设定后的加工参数如图 10-51 所示。

③ 单击"文件"→"退出"，完成加工工艺参数的设定。

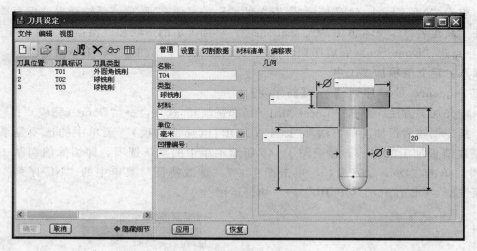

图 10-50　设定的刀具参数

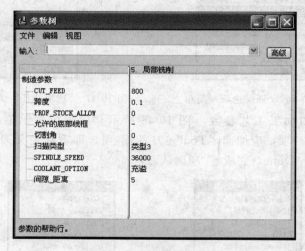

图 10-51　设定好的加工参数

④ 系统返回"MFG PARAMS（制造参数）"菜单，单击"Done（完成）"项确认。

（6）显示走刀轨迹　单击"Play Path（演示轨迹）"→"Screen Play（屏幕演示）"，显示"播放路径"对话框，单击其上的　　▶　　按钮，即可生成走刀轨迹。

（7）加工过程动态仿真　单击"Play Path（演示轨迹）"→"NC Check（NC 检测）"→"Restore（恢复）"，打开 sequence4.nck，使工作区显示经前四道工序加工后的形状，单击"Display"→"Run（运行）"。

（8）点选"Done Seq（完成序列）"项，此时便完成了第五道 NC 工序的定义。

第 11 章　曲轴锻模的数控加工

11.1　零件分析

如图 11-1 所示为曲轴锻模下模，其结构主要有：锁扣、主分型面、仓部、型腔，其中型腔是主要的成型部分，要着重保证其加工质量。

11.2　工艺分析

该曲轴锻模可以分多道工序进行加工，首先可采用体积块加工方法进行所有部分的粗铣，再采用适当的方法加工主分型面、锁扣及仓部，最后采用先粗后精再清根的加工方法加工型腔。其加工流程如图 11-2 所示。表 11-1 为曲轴锻模加工工序及主要加工参数。

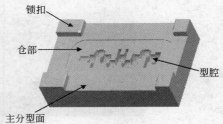

图 11-1　曲轴锻模

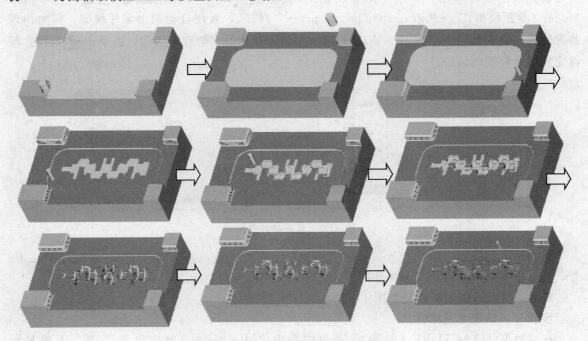

图 11-2　曲轴锻模加工流程图

表 11-1　曲轴锻模加工工序及主要加工参数

加工序号	加工工序	加工方法	刀具	转速/(r/min)	进给速度/(mm/min)
1	粗铣所有部分	体积块	D63R5	800	1000
2	加工主分型面	体积块	D63R5	800	1000
3	加工锁扣	轮廓	D30R5	1500	1500
4	加工仓部	体积块	D30R5	1500	1500
5	粗铣型腔	曲面	D30R5	1500	1500
6	半精铣型腔	曲面	D30R5	1500	1500
7	精铣型腔	曲面	D16R8	500	200
8	清型腔根部	局部	D10R5	800	200
9	清型腔根部	局部	D5R2.5	800	200

11.3　操作步骤

步骤一：进入零件加工模块，新建制造文件

将工作目录设置为"chapter11"。

单击"文件"→"新建"→"制造"→"NC 组件"，输入文件名：mfg _ quzhoudm _ x，接受"使用缺省模板"，单击【确定】按钮。

步骤二：创建制造模型

图 11-3 所示为构成制造模型的设计模型和毛坯模型。

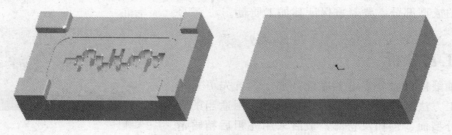

图 11-3　设计模型和毛坯模型

首先调出设计模型。单击"Mfg Model（制造模型）"→"Assemble（装配）"→"Ref Model（参照模型）"→选取 quzhoudm _ x. prt→"打开"，系统自动调出零件模型，同时出现装配操控面板，如图 11-4 所示。点击图 11-4 中箭头所指的"缺省"选项，再单击✔按钮，即可完成设计模型的装配。

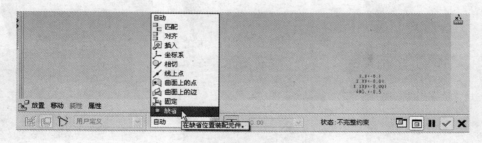

图 11-4　装配操控面板

再调出毛坯模型。单击"Assemble（装配）"→"Workpiece（工件）"→选取 quzhoudm _ x _ wp. prt→"打开"，其余操作同上，可完成毛坯模型的装配。

最后，装配好的制造模型如图 11-5 所示。

步骤三：设置制造环境

在"MANUFACTURE（制造）"菜单中单击"Mfg Setup（制造设置）"项，系统显示"操作设置"对话框，如图 11-6 所示。

（1）操作名称　采用默认值 OP010。

（2）机床设置　点击 按钮，出现"机床设置"对话框，采用默认值：机床名称为 MACH01、机床类型为铣床、轴数为三轴，单击【确定】按钮。

（3）确定加工坐标系

① 点击"操作设置"对话框中"加工零点"右侧的 按钮，出现"MACH CSYS（制造坐标系）"菜单和"选取"对话框，如图 11-7 所示。

② 单击工作区右侧的 按钮，系统显示"坐标系"对话框，如图 11-8 所示。

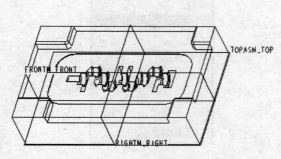

图 11-5　制造模型

图 11-6　"操作设置"对话框

图 11-7　加工坐标系设定

图 11-8　加工坐标系设定窗口

③ 选择毛坯模型的左侧面，再按住〈Ctrl〉键依次点选毛坯模型的前面和上表面，此时系统显示 X、Y 和 Z 轴，如图 11-9 所示。若三轴次序有误或方向不对，可点选"坐标系"对话框的"定向"选项卡。如图 11-10 所示，点击第一个"反向"按钮，使 X 轴正方向指向右方，点击第二个"反向"按钮，使 Y 轴正方向指向后方。Z 轴正方向则由右手规则确定为向上。

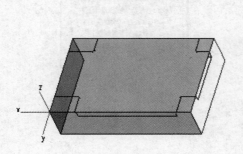

图 11-9　显示的三个轴

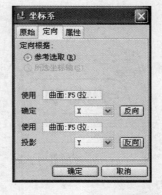

图 11-10　加工坐标系的三轴轴向设定

④ 设定完成后的加工坐标系如图 11-11 所示。如果不符合要求，可返回③步重新定义。

⑤ 单击【确定】按钮，可完成加工坐标系的设置。

（4）退刀面设置

① 点击"操作设置"对话框中"退刀"选区下"曲面"右侧的 ![按钮] 按钮，出现"退刀选

取"对话框，要求设定退刀平面，如图 11-12 所示。

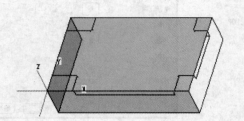

图 11-11　设定好的工件坐标系　　　图 11-12　退刀选取对话框

② 单击窗口中的"沿 Z 轴"，系统自动将光标移到对话框下方的"输入 Z 深度"处，输入数值 50，然后单击【确定】按钮，生成退刀平面 ADTM1，如图 11-13 所示。

③ 单击"操作设置"对话框中的【确定】按钮，完成加工环境的设置。

步骤四：粗铣——定义体积块加工工序Ⅰ

在"MANUFACTURE（制造）"菜单中单击"Machining（加工）"→"NC Sequence（NC 序列）"。

（1）定义加工方法　单击"Volume（体积块）"→"Done（完成）"。

（2）工序设置　默认的需定义工艺参数选项为：刀具、参数和 Volume 体积。此处勾选"Window（窗口）"，并增加勾选"Appr Walls（逼近薄壁）"，如图 11-14 所示，即采用定义窗口的方式来定义加工型腔，并指定下刀的侧面，然后单击"Done（完成）"项确认。

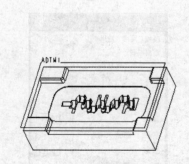

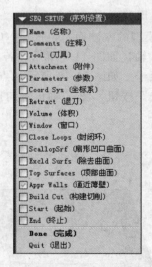

图 11-13　生成的退刀平面　　　图 11-14　"序列设置"菜单

（3）定义刀具参数

① 系统弹出"刀具设定"对话框，利用该窗口可以设定加工所需刀具。

② 使用直径为 63mm、圆角半径为 5mm 的机夹可转位刀片，输入刀具参数如图 11-15 所示。设定完成后，单击该窗口中的【应用】按钮，在窗口的左边列表中出现"T01"刀具。

③ 单击【确定】按钮，完成加工刀具的设定。

（4）定义加工工艺参数

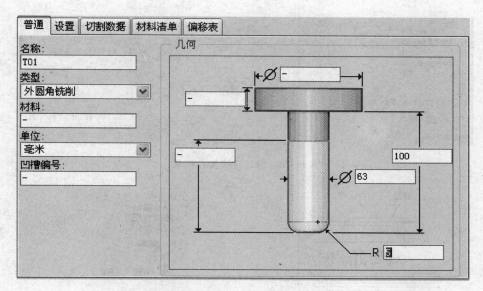

图 11-15 设定的刀具参数

① 系统显示 "MFG PARAMS（制造参数）" 菜单。单击该菜单中的 "Set（设置）" 选项，系统弹出加工参数设定窗口。

② 窗口中标记为 "-1" 的选项，表示用户必须进行设定。设定后的加工参数如图 11-16 所示。

③ 单击 "文件" → "退出"，完成加工工艺参数的设定。

④ 系统返回 "MFG PARAMS（制造参数）" 菜单，单击 "Done（完成）" 项确认。

（5）定义加工表面区域

① 系统显示 "DEFINE WIND（定义窗口）" 菜单和 "选取" 对话框，如图 11-17 所示。单击 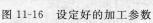 按钮。

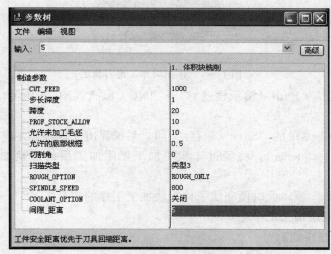

图 11-16 设定好的加工参数

图 11-17 "定义窗口" 菜单

② 系统显示窗口定义操控面板，如图 11-18 所示，接受默认的窗口平面 "ADTM1" 和 "侧面影像参照模型"，即可定义窗口如图 11-19 所示。

③ 单击操控面板上的【选项】按钮，选择 "在窗口围线上" 选项，如图 11-20 所示，即允许刀具完全切出 Window 定义的轮廓线。然后单击操控面板上的 ✔ 按钮退出窗口的定义。

（6）指定下刀侧面 系统显示如图 11-21 所示 "链" 菜单，并提示 "选取用作刀具进入的窗口侧"。按住〈Ctrl〉键依次单击窗口的四条边界，单击 "Done（完成）"。

图 11-18 窗口定义操控面板

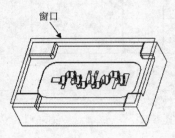

图 11-19 定义窗口

图 11-20 操控面板"选项"

（7）显示走刀轨迹 单击"Play Path（演示轨迹）"→"Screen Play（屏幕演示）"，显示"播放路径"对话框，单击其上的 ▶ 按钮，即可生成走刀轨迹，如图 11-22 所示。

图 11-21 "链"菜单

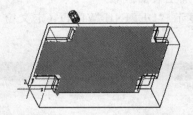

图 11-22 体积块加工走刀轨迹

（8）加工过程动态仿真 单击"Play Path（演示轨迹）"→"NC Check（NC 检测）"→"Run（运行）"，如图 11-23 所示。

（9）单击"NC Check（NC 检测）"菜单的"Save（保存）"项，系统弹出"保存副本"对话框，在"新建名称"文本框中输入 sequence1，将经过体积块加工工序加工后的形状加以保存。

（10）单击"Done Seq（完成序列）"项，此时便完成了体积块加工工序的定义。

步骤五：加工分型面——定义体积块加工工序Ⅱ

【NC Sequence（NC 序列）】→【新序列】。

（1）定义加工方法 单击"Volume（体积块）"→"Done（完成）"。

（2）工序设置 接受"序列设置"菜单中的默认选项：参数和 Volume 体积，不选参数："刀具"，即使用与前道工序相同的刀具，如图 11-24 所示，然后单击"Done（完成）"项确认。

（3）定义加工工艺参数

① 系统显示"MFG PARAMS（制造参数）"菜单，单击"Set（设置）"选项，系统弹出加工参数设定窗口。

② 窗口中标记为"-1"的选项，表示用户必须进行设定，设定后的加工参数如图 11-25 所示。

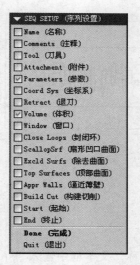

图 11-23 加工过程仿真结果　　　　图 11-24 NC 工序需定义参数的选择

③ 单击"文件"→"退出"，完成加工工艺参数的设定。

④ 系统返回"MFG PARAMS（制造参数）"菜单，单击"Done（完成）"项确认。

（4）定义加工区域

① 系统显示"选取"对话框，提示选取定义好的铣削体积块。在此使用创建特征的方法定义加工型腔，单击⬛按钮，系统自动进入建模界面。

② 创建拉伸特征作为体积块。选择如图 12-26 所示的分型面作为草绘面，方向向上拉伸，并选择如图 11-26 所示的参考面，使之方向向下，然后草绘如图 11-27 所示的轮廓（尽量使用"使用边"方法），最后拉伸 0.5mm，单击✔按钮完成拉伸特征的创建。

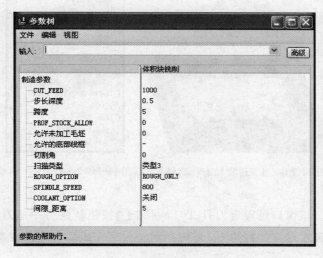

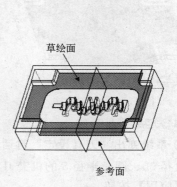

图 11-25 设定好的加工参数　　　　图 11-26 定义草绘面和参考面

③ 完成体积块的创建后，单击工作区右侧的✔按钮退出建模界面。

（5）显示走刀轨迹　单击"Play Path（演示轨迹）"→"Screen Play（屏幕演示）"，显示"播放路径"对话框，单击其上的 ▶ 按钮，即可生成走刀轨迹，如图 11-28 所示。

（6）加工过程动态仿真　单击"Play Path（演示轨迹）"→"NC Check（NC 检测）"→"Restore（恢复）"，打开 sequence1.nck，使工作区显示前道工序加工后的形状，单击"Display（显示）"→"Run（运行）"，如图 11-29 所示。

（7）单击"NC Check（NC 检测）"菜单的"Save（保存）"项，系统弹出"保存副本"对

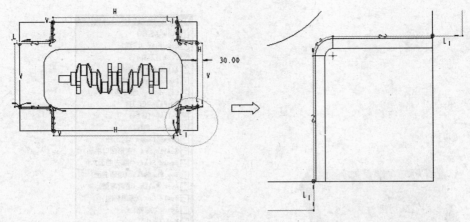

图 11-27　草绘轮廓

话框，在"新建名称"文本框中输入 sequence2，将经过前两道工序加工后的形状加以保存。

（8）单击"Done Seq（完成序列）"项便完成了第二道 NC 工序（体积块加工工序Ⅱ）的定义。

步骤六：加工锁扣——定义轮廓加工工序

【NC Sequence（NC 序列）】→【新序列】。

（1）定义加工方法　单击"Profile（轮廓）"→"Done（完成）"。

（2）工序设置　接受如图 11-30 所示"序列设置"菜单中的默认选项：参数和曲面，增选参数"刀具"选项，然后单击"Done（完成）"项确认。

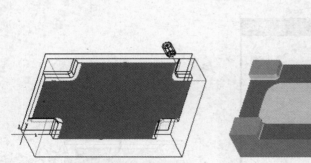

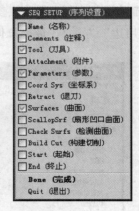

图 11-28　走刀轨迹　　　　图 11-29　加工过程动态仿真结果　　　图 11-30　"序列设置"菜单

（3）定义刀具参数

① 系统弹出"刀具设定"对话框。该窗口已设定刀具 T01，点击 按钮新建另一把刀具，使用直径 30、圆角半径 5 的机夹刀，输入刀具参数如图 11-31 所示。设定完成后，单击该窗口中的【应用】按钮。

② 单击【确定】按钮，完成加工刀具的设定。

（4）定义加工工艺参数

① 系统显示"MFG PARAMS（制造参数）"菜单，单击"Set（设置）"选项，系统弹出加工参数设定窗口。

② 窗口中标记为"－1"的选项，表示用户必须进行设定，设定后的加工参数如图 11-32 所示。单击【高级】按钮，将另一参数"引入"设成"是"，使刀具沿相切弧进入工件。

③ 单击"文件"→"退出"，完成加工工艺参数的设定。

④ 系统返回"MFG PARAMS（制造参数）"菜单，单击"Done（完成）"项确认。

204

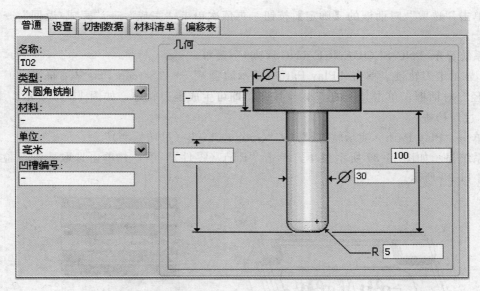

图 11-31　设定的刀具参数

（5）定义加工表面区域

① 系统显示"SURF PICK（曲面拾取）"菜单，如图 11-33 所示。接受"Model（模型）"项，单击"Done（完成）"项确认。

② 系统显示"选取曲面"菜单和"选取"对话框，如图 11-34 所示，点选锁扣部分侧面（多选用〈Ctrl〉），确认图 11-35 所示的阴影部分为选取的曲面。

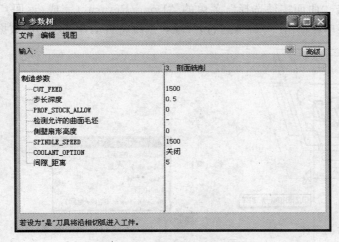

图 11-32　设定好的加工参数　　　　　　　　图 11-33　曲面拾取菜单

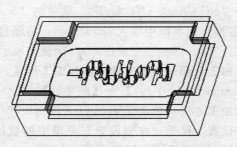

图 11-34　"选取曲面"菜单　　　　图 11-35　阴影部分为选取的曲面

③ 单击"选取"对话框的【确定】按钮，再依次单击"完成"→"完成/返回"→"完成/返回"。

④ 系统显示"NC SEQUENCE（NC 序列）"菜单。

（6）显示走刀轨迹　单击"Play Path（演示轨迹）"→"Screen Play（屏幕演示）"，显示"播放路径"对话框，单击其上的 ▶ 按钮，即可生成走刀轨迹，如图 11-36 所示。

（7）过切检查

① 单击"Play Path（演示轨迹）"→"Gouge Check（过切检测）"。

② 系统显示如图 11-37 所示菜单，单击"Part（零件）"项，并单击选取要进行检测的零件，如图 11-38 所示。

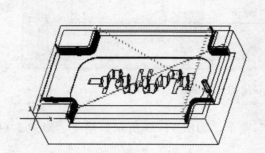

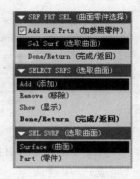

图 11-36　走刀轨迹　　　　　　　　　图 11-37　"曲面零件选择"菜单

③ 选取完成后，单击选取对话框的【确定】按钮，并单击"选取曲面"菜单的"Done/Return（完成/返回）"项，再单击"曲面零件选择"菜单的"Done/Return（完成/返回）"项。

④ 系统显示如图 11-39 所示菜单，单击"Run（运行）"项，系统将自动计算过切的数据点。

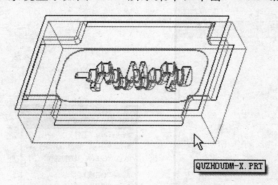

图 11-38　选取检测零件　　　　　　　图 11-39　"过切检测"菜单

⑤ 系统在信息提示区中提示"■没有发现过切"，表明没有发现过切行为。

（8）加工过程动态仿真　单击"Play Path（演示轨迹）"→"NC Check（NC 检测）"→"Restore（恢复）"，打开 sequence2.nck，使工作区显示经前两道工序加工后的形状，单击"Display（显示）"→"Run（运行）"，如图 11-40 所示。

（9）单击"NC Check（NC 检测）"菜单的"Save（保存）"项，系统弹出"保存副本"对话框，"新建名称"文本框中输入 sequence3，将经过前三道工序加工后的形状加以保存。

（10）单击"Done Seq（完成序列）"项便完成了轮廓加工工序的定义。

步骤七：加工仓部——定义体积块加工工序Ⅲ

【NC Sequence（NC 序列）】→【新序列】。

（1）定义加工方法　单击"Volume（体积块）"→"Done（完成）"。

（2）工序设置　接受"序列设置"菜单中的默认选项：参数和 Volume 体积，不选参数："刀具"，即使用与前道工序相同的刀具，如图 11-41 所示，然后单击"Done（完成）"项确认。

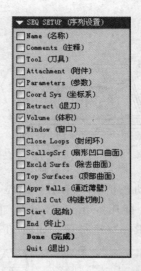

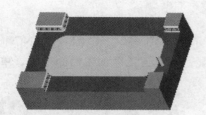

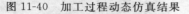

图 11-40　加工过程动态仿真结果　　　　图 11-41　NC 工序需定义参数的选择

（3）定义加工工艺参数

① 系统显示"MFG PARAMS（制造参数）"菜单，单击"Set（设置）"选项，系统弹出加工参数设定窗口。

② 窗口中标记为"－1"的选项，表示用户必须进行设定，设定后的加工参数如图 11-42 所示。

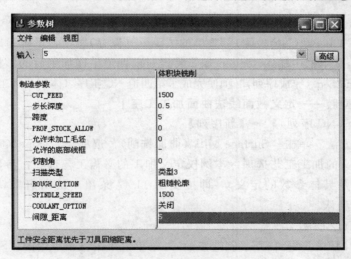

图 11-42　设定好的加工参数

③ 单击"文件"→"退出"，完成加工工艺参数的设定。

④ 系统返回"MFG PARAMS（制造参数）"菜单，单击"Done（完成）"项确认。

（4）定义加工区域

① 系统显示"选取"对话框，提示选取定义好的铣削体积块。在此使用创建特征的方法定义加工区域，单击 ⌘ 按钮，系统自动进入建模界面。

② 创建拉伸特征作为体积块。选择如图 11-43 所示的仓部底面作为草绘面，方向向上拉伸，并使用默认的参考面，然后草绘如图 11-44 所示轮廓（尽量使用"使用边"方法），最后拉伸到分型面，单击 ✓ 按钮完成拉伸特征的创建。

③ 完成体积块的创建后，单击工作区右侧的 ✓ 按钮退出建模界面。

（5）显示走刀轨迹　单击"Play Path（演示轨迹）"→"Screen Play（屏幕演示）"，显示"播放路径"对话框，单击其上的 ▶ 按钮，即可生成走刀轨迹，如图 11-45 所示。

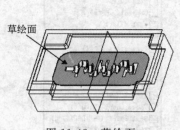

图 11-43　草绘面

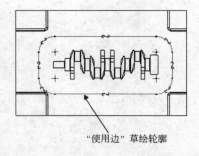

图 11-44　草绘轮廓

（6）加工过程动态仿真　单击"Play Path（演示轨迹）"→"NC Check（NC 检测）"→"Restore（恢复）"，打开 sequence3.nck，使工作区显示前三道工序加工后的形状，单击"Display（显示）"→"Run（运行）"，如图 11-46 所示。

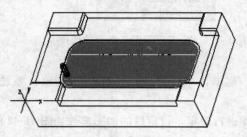

图 11-45　走刀轨迹

图 11-46　加工过程动态仿真结果

（7）单击"NC Check（NC 检测）"菜单的"Save（保存）"项，系统弹出"保存副本"对话框，"新建名称"文本框中输入 sequence4，将经过前四道工序加工后的形状加以保存。

（8）单击"Done Seq（完成序列）"项便完成了第四道 NC 工序（体积块加工工序Ⅲ）的定义。

步骤八：粗铣型腔——定义截面线法曲面加工工序Ⅰ

【NC Sequence（NC 序列）】→【新序列】。

（1）定义加工方法　单击"Surface Mill（曲面铣削）"选项→"Done（完成）"。

（2）选择需定义的加工工艺选项　本例仅定义加工的必需工艺选项：参数、曲面、定义切割（曲面铣削方法及具体参数的定义），即接受图 11-47 菜单中的所有默认选项，然后单击"Done（完成）"项确认。

（3）定义加工工艺参数

①系统显示"MFG PARAMS（制造参数）"菜单，单击该菜单中的"Set（设置）"选项，系统弹出加工参数设定窗口。

②窗口中标记为"－1"的选项，表示用户必须进行设定。设定后的加工参数如图 12-48 所示。

③单击"文件"→"退出"，完成加工工艺参数的设定。

④系统返回"MFG PARAMS（制造参数）"菜单，单击"Done（完成）"项确认。

（4）定义待加工曲面

①系统显示"SURF PICK（曲面拾取）"，单击"Mill Volume（铣削体积块）"选项，如图 11-49 所示，单击"Done（完成）"。

②系统显示"选取"对话框，单击工作区右侧的 按钮定义加工体积块，系统自动进入建模界面。

③单击主菜单"编辑"→"收集体积块"，系统显示如图 11-50 所示"聚合体积块"菜单，单击勾选"聚合步骤"菜单中的"Close（封闭）"项，如图 11-51 所示，并单击"Done（完成）"项。

④系统显示"聚合选取"菜单，单击"特征"项，如图 11-52 所示，并单击"Done（完成）"项。

208

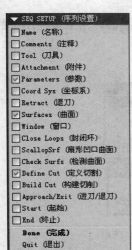

图 11-47 "序列设置"菜单

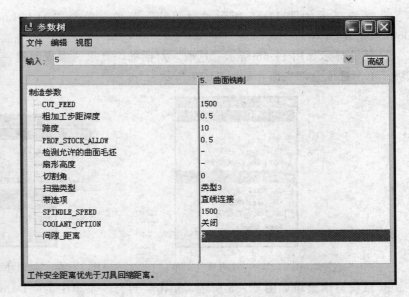

图 11-48 设定好的加工参数

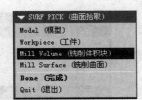

图 11-49 "曲面拾取"菜单

图 11-50 "聚合体积块"菜单

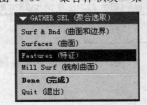

图 11-51 "聚合步骤"菜单

图 11-52 "聚合选取"菜单

⑤ 系统显示如图 11-53 所示"特征参考"菜单和"选取"对话框,选取"F12(切出)QUZHOUDM-X"特征(可点击右键轮选,待正确提示后再单击左键),如图 11-54 所示,并单击"Done Refs(完成参考)"项。

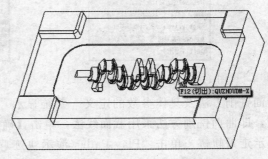

图 11-53 "特征参考"菜单 图 11-54 选取"F12(切出)QUZHOUDM-X"特征

⑥ 系统显示如图 11-55 所示"封闭环"菜单，单击"ALL Loops（全部环）"，并单击"Done（完成）"项。

⑦ 系统显示如图 11-56 所示"选取"对话框，要求选取或创建一平面，用来盖住闭合的体积块。单击选取仓部底面，如图 11-57 所示。

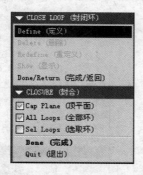

图 11-55 "封闭环"菜单　　图 11-56 "封闭环"菜单

⑧ 系统显示菜单如图 11-58 所示，单击"封合"菜单中的"Done（完成）"项，单击"封闭环"菜单中的"Done/Return（完成/返回）"项，然后单击如图 11-59 所示"聚合体积块"菜单中的"Done（完成）"项。

⑨ 单击工作区右侧的 ✔ 按钮完成体积块的创建。

⑩ 系统显示菜单如图 11-60 所示，单击"Select All（选取全部）"，单击"Done/Return（完成/返回）" → "Done/Return（完成/返回）"。

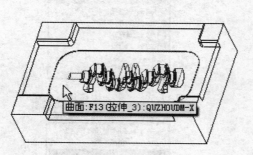

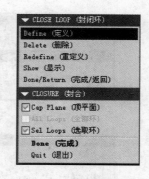

图 11-57 选取仓部底面　　图 11-58 "封合"菜单

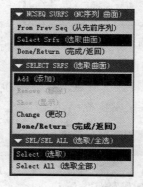

图 11-59 "聚合体积块"菜单　　图 11-60 系列菜单

（5）曲面铣削方法及具体参数的定义　系统显示"切削定义"对话框，如图 11-61 所示，取默认选项，即曲面铣削方法采用截面线法，单击【确定】按钮。

（6）显示走刀轨迹　单击"Play Path（演示轨迹）" → "Screen Play（屏幕演示）"，显示"播放路径"对话框，单击其上的　▶　按钮，即可生成走刀轨迹，如图 11-62 所示。

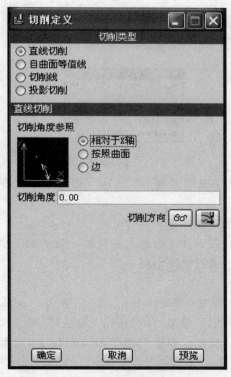

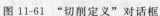

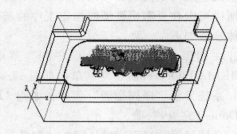

图 11-61　"切削定义"对话框　　　　　　图 11-62　走刀轨迹

（7）加工过程动态仿真

① 单击 "Play Path（演示轨迹）" → "NC Check（NC 检测）" → "Restore（恢复）"，打开 sequence4.nck，使工作区显示前四道工序加工后的形状，单击 "Display（显示）" → "Run（运行）"，如图 11-63 所示。

② 单击 "NC Check（NC 检测）" 菜单的 "Save（保存）" 项，系统弹出 "保存副本" 对话框，"新建名称" 文本框中输入 sequence5，将经过前五道工序加工后的形状加以保存。

（8）过切检查

① 单击 "Play Path（演示轨迹）" → "Gouge Check（过切检测）"。

② 系统显示如图 11-64 所示菜单，单击 "Part（零件）" 项，并单击选取要进行检测的零件，如图 11-65 所示。

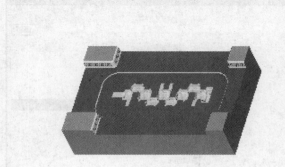

图 11-63　加工过程仿真结果　　　　　图 11-64　"曲面零件选择"菜单

③ 选取完成后，单击选取对话框的【确定】按钮，并单击 "选取曲面" 菜单的 "Done/Return（完成/返回）" 项，再单击 "曲面零件选择" 菜单的 "Done/Return（完成/返回）" 项。

④ 系统显示如图 11-66 所示的菜单。单击 "Run（运行）" 项，系统将自动计算过切的数据点。

⑤ 系统在信息提示区中提示 "没有发现过切"，表明没有发现过切行为。

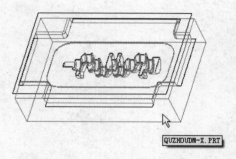
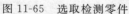

图 11-65　选取检测零件　　　　　图 11-66　"过切检测"菜单

（9）先不要单击"Done Seq（完成序列）"项完成第五道 NC 工序（曲面加工工序Ⅰ）的定义，可以留作下一道工序设置使用。

步骤九：半精铣型腔——定义截面线法曲面加工工序Ⅱ

半精铣型腔与粗铣型腔相比，其刀具、曲面、曲面加工方法是相同的，只是加工参数有所改变，所以可以在复制粗铣型腔加工工序的基础上进行修改而得。

具体步骤如下：

（1）在如图 11-67 所示"NC 序列"菜单中单击"Next Seq（下一序列）"，系统显示"CONFIRMATION（确认）"菜单，如图 11-68 所示，单击"Confirm（确认）"项。

（2）系统显示"序列设置"菜单，如图 11-69 所示。单击勾选"Parameters（参数）"项，单击"Done（完成）"项。

（3）系统显示"MFG PARAMS（制造参数）"菜单。单击该菜单中的"Set（设置）"选项，系统弹出加工参数设定窗口。

（4）窗口中已设定好的加工参数是前道工序的，现作如下修改：将"粗加工步距深度"设置为 0.5，将"PROF_STOCK_ALLOW"设置为 0，如图 11-70 所示。

图 11-67　"NC 序列"菜单　　　　　图 11-68　"CONFIRMATION（确认）"菜单

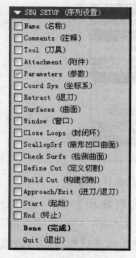

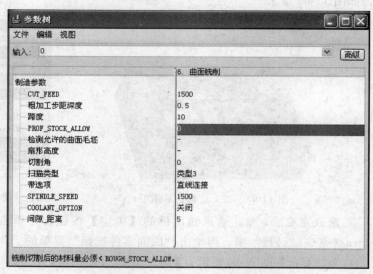

图 11-69　"序列设置"菜单　　　　　图 11-70　修改后的加工参数

（5）单击"文件"→"退出"，完成加工工艺参数的设定。

（6）系统返回"MFG PARAMS（制造参数）"菜单，单击"Done（完成）"项确认。

（7）显示走刀轨迹　单击"Play Path（演示轨迹）"→"Screen Play（屏幕演示）"，显示"播放路径"对话框，单击其上的 ▶ 按钮，即可生成走刀轨迹，如图 11-71 所示。

（8）加工过程动态仿真

① 单击"Play Path（演示轨迹）"→"NC Check（NC 检测）"→"Restore（恢复）"，打开 sequence5.nck，使工作区显示前五道工序加工后的形状，单击"Display（显示）"→"Run（运行）"，如图 11-72 所示。

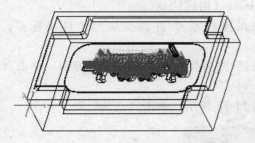

图 11-71　走刀轨迹　　　　　　　　　图 11-72　加工过程仿真结果

② 单击"NC Check（NC 检测）"菜单的"Save（保存）"项，系统弹出"保存副本"对话框，"新建名称"文本框中输入 sequence6，将经过前六道工序加工后的形状加以保存。

（9）过切检查

① 单击"Play Path（演示轨迹）"→"Gouge Check（过切检测）"。

② 系统显示如图 11-73 所示菜单，单击"Part（零件）"项，并单击选取要进行检测的零件，如图 11-74 所示。

③ 选取完成后，单击选取对话框的【确定】按钮，然后单击"选取曲面"菜单的"Done/Return（完成/返回）"项，再单击"曲面零件选择"菜单的"Done/Return（完成/返回）"项。

④ 系统显示如图 11-75 所示菜单，单击"Run（运行）"项，系统将自动计算过切的数据点。

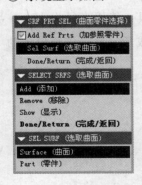
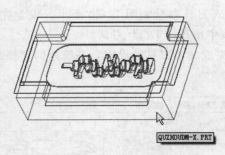
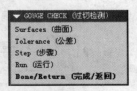

图 11-73　"曲面零件选择"菜单　　　图 11-74　选取检测零件　　　图 11-75　"过切检测"菜单

⑤ 系统在信息提示区中提示"❄没有发现过切"，表明没有发现过切行为。

（10）单击"Done Seq（完成序列）"项，此时便完成了曲面加工工序Ⅱ的定义。

步骤十：精铣型腔——定义截面线法曲面加工工序Ⅲ

精铣型腔与粗铣型腔相比，曲面及加工方法是相同的，只是刀具和加工参数有所改变，所以仍然可以在复制粗铣型腔加工工序的基础上进行修改而得到。

以下介绍另一种复制方法，其操作步骤如下：

（1）打开工作区左侧的模型树，单击"5.曲面铣削"项，同时按〈Ctrl＋C〉键。

（2）系统在信息提示区提示"想在组定义中包括 MILL _ VOL _ 3?"，如图 11-76 所示，单击【是】按钮。

想在组定义中包括MILL_VOL_3? ▣

是 否

图 11-76　系统提示信息

（3）同时按〈Ctrl＋V〉键，系统显示"组元素"对话框和"参考"菜单，如图 11-77 和图 11-78 所示，同时提示"选取特征对应于加亮的特征。"并高亮显示"型腔"特征，单击"Same（相同）"项。

（4）系统提示"选取曲面对应于加亮的曲面。"并高亮显示仓部曲面，单击"Same（相同）"项。

（5）系统提示"选取 Operation。"，单击"Same（相同）"项。

（6）系统提示"选取坐标系。对应于加亮的坐标系。"并高亮显示工件坐标系，单击"Same（相同）"项。

（7）系统显示"选取曲面对应于加亮的曲面。"并高亮显示 ADTM1 退刀面，单击"Same（相同）"项。

（8）系统显示"修改 NC 序列"菜单，如图 11-79 所示，单击"刀具"项。

图 11-77　"组元素"对话框　　图 11-78　"参考"菜单　　图 11-79

（9）修改刀具参数

① 系统弹出"刀具设定"对话框，利用该窗口可以设定加工所需刀具。

② 该窗口已设定刀具 T01、T02，点击 ▢ 按钮新建另一把刀具，使用直径为 16mm 半径为 8mm 的球头锥度铣刀，输入刀具参数如图 11-80 所示。设定完成后，单击该窗口中的【应用】按钮，在窗口的左边列表中出现"T03"刀具。

③ 单击【确定】按钮，完成加工刀具的设定，系统返回"修改 NC 序列"菜单。

（10）定义加工工艺参数

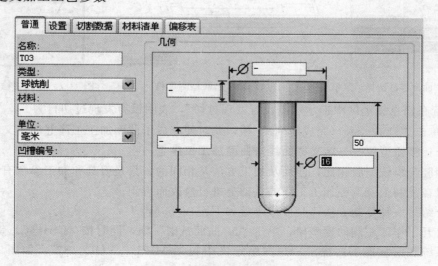

图 11-80　设定的刀具参数

①　单击"修改 NC 序列"菜单中的"参数"项，系统显示"MFG PARAMS（制造参数）"菜单，单击该菜单中的"Set（设置）"选项，系统弹出加工参数设定窗口。

②　窗口中已设定好的加工参数是前道工序的，现做如图 11-81 所示修改。

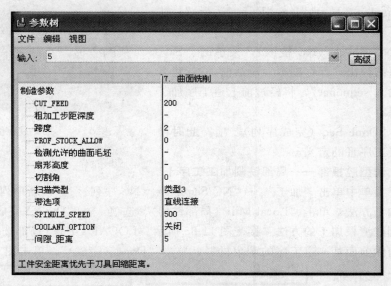

图 11-81　修改后的加工参数

③　单击"文件"→"退出"，完成加工工艺参数的设定。

④　系统返回"MFG PARAMS（制造参数）"菜单，单击"Done（完成）"项确认，系统返回"修改 NC 序列"菜单。

（11）完成工序复制　单击"修改 NC 序列"菜单中的"完成/返回"项，并单击"完成"项，可以看到"模型树"中增加了"7. 曲面铣削"项，如图 11-82 所示。

（12）显示走刀轨迹　在菜单管理器"制造"菜单中单击"加工"→"NC Sequence（NC 序列）"→"7：曲面铣削，Operation OP010"→"Play Path（演示轨迹）"→"Screen Play（屏幕演示）"，显示"播放路径"对话框，单击其上的　▶　按钮，即可生成走刀轨迹，如图 11-83 所示。

图 11-82　"模型树"

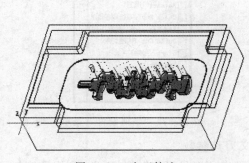

图 11-83　走刀轨迹

(13) 加工过程动态仿真

① 单击"Play Path（演示轨迹）"→"NC Check（NC 检测）"→"Restore（恢复）"，打开 sequence6.nck，使工作区显示前六道工序加工后的形状，单击"Display（显示）"→"Run（运行）"，如图 11-84 所示。

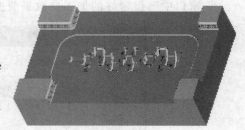

② 单击"NC Check（NC 检测）"菜单的"Save（保存）"项，系统弹出"保存副本"对话框，"新建名称"文本框中输入 sequence7，将经过前七道工序加工后的形状加以保存。

图 11-84　加工过程仿真结果

(14) 单击"Done Seq（完成序列）"项，此时便完成了曲面加工工序Ⅲ的定义。

步骤十一：清型腔根部——局部铣削加工工序Ⅰ

在"制造"菜单中单击"加工"→"NC Sequence（NC 序列）"→"新序列"。

(1) 定义加工方法　单击"Local Mill（局部铣削）"选项，→"Done（完成）"。

(2) 指定创建清根加工的方法　接受图 11-85 所示"LOCAL OPT（局部选项）"菜单中的默认选项，即切除前面某一道工序的剩余材料，单击"Done（完成）"，单击图 11-86"选取特征"菜单中的"NC 序列"→ `7: 曲面铣削, Operation: OP010` → `切削运动 #1` 。

图 11-85　LOCAL OPT（局部选项）菜单

图 11-86　"选取特征"菜单

(3) 工序设置　如图 11-87 所示"序列设置"菜单中的默认选项仅为"Parameters（参数）"一项。加选"Tool（刀具）"项，如图 11-88 所示，即重新定义刀具和加工参数，然后单击"Done（完成）"项确认。

图 11-87　"序列设置"菜单

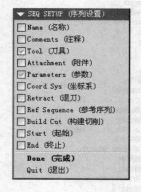

图 11-88　加选"刀具"项

(4) 定义刀具参数

① 系统弹出"刀具设定"对话框，利用该窗口可以设定加工所需刀具。

216

② 可看到已存在刀具 T01、T02、T03。现可单击 按钮，增加一把直径较小的刀具用于清根加工，输入刀具参数如图 11-89 所示，φ10，R5。设定完成后，单击该窗口中的【应用】按钮，在窗口的左侧列表中增加了"T04"刀具。

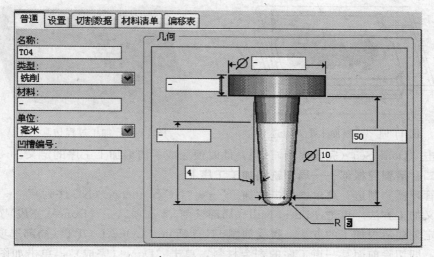

图 11-89　设定好的刀具参数

③ 单击【确定】按钮，完成加工刀具的设定。

（5）定义加工工艺参数

① 系统显示"MFG PARAMS（制造参数）"菜单，单击"Set（设置）"选项，系统弹出加工参数设定窗口。

② 窗口中标记为"-1"的选项，表示用户必须进行设定。设定后的加工参数如图 11-90 所示。

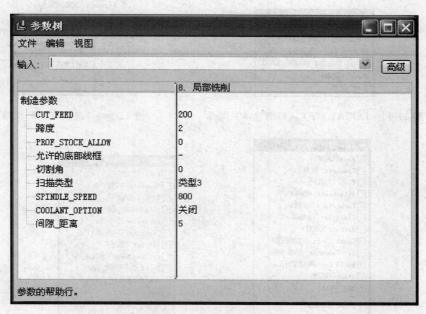

图 11-90　设定好的加工参数

③ 单击"文件"→"退出"，完成加工工艺参数的设定。

④ 系统返回"MFG PARAMS（制造参数）"菜单，单击"Done（完成）"项确认。

（6）显示走刀轨迹　单击"Play Path（演示轨迹）"→"Screen Play（屏幕演示）"，显示"播放路径"对话框，单击其上的 ▶ 按钮，即可生成走刀轨迹，如图 11-91 所示。

（7）加工过程动态仿真　单击"Play Path（演示轨迹）"→"NC Check（NC 检测）"→
"Restore（恢复）"，打开 sequence7.nck，使工作区显示前道工序加工后的形状，单击"Dis-
play"→"Run（运行）"，如图 11-92 所示。

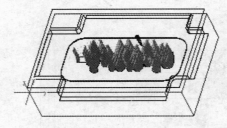

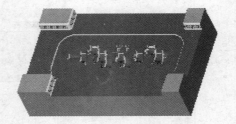

图 11-91　清根加工走刀轨迹　　　　　　图 11-92　加工过程仿真结果

（8）单击"Done Seq（完成序列）"项，此时便完成了清根加工工序的定义。

步骤十二：清型腔根部——局部铣削加工工序 Ⅱ

在菜单管理器"制造"菜单中单击"加工"→"NC Sequence（NC 序列）"→"新序列"。

（1）定义加工方法　单击"Local Mill（局部铣削）"选项，→"Done（完成）"。

（2）指定创建清根加工的方法　接受如图 11-93 所示"LOCAL OPT（局部选项）"菜单中
的默认选项，即切除前面某一道工序的剩余材料，单击"Done（完成）"，单击如图 11-94"选
取特征"菜单中的"NC 序列"选项→ | 7: 曲面铣削, Operation: OP010 | → | 切削运动 #1 | 。

（3）工序设置　图 11-95 所示"序列设置"菜单中的默认选项仅为"Parameters（参数）"
一项。加选"Tool（刀具）"项，如图 11-96 所示，即重新定义刀具和加工参数，然后单击
"Done（完成）"项确认。

图 11-93　LOCAL OPT（局部选项）菜单　　　图 11-94　"选取特征"菜单

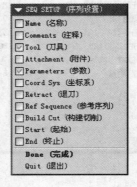

图 11-95　"序列设置"菜单　　　　图 11-96　加选"刀具"项

（4）定义刀具参数

① 系统弹出"刀具设定"对话框，利用该窗口可以设定加工所需刀具。

② 可看到已存在刀具 T01、T02、T03、T04。现可单击 ▯ 按钮，增加一把直径较小的刀

具用于清根加工，输入刀具参数如图 11-97 所示。设定完成后，单击该窗口中的【应用】按钮，在窗口的左侧列表中增加了"T05"刀具。

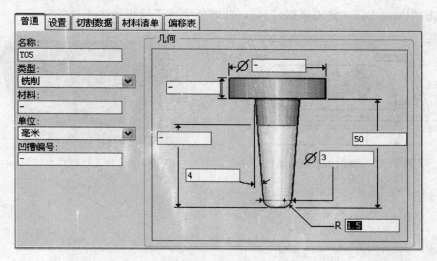

图 11-97　设定好的刀具参数

③ 单击【确定】按钮，完成加工刀具的设定。

（5）定义加工工艺参数

① 系统显示"MFG PARAMS（制造参数）"菜单，单击"Set（设置）"选项，系统弹出加工参数设定窗口。

② 窗口中标记为"－1"的选项，表示用户必须进行设定。设定后的加工参数如图 11-98 所示。

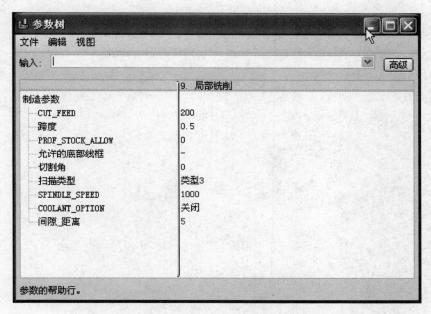

图 11-98　设定好的加工参数

③ 单击"文件"→"退出"，完成加工工艺参数的设定。

④ 系统返回"MFG PARAMS（制造参数）"菜单，单击"Done（完成）"项确认。

（6）显示走刀轨迹　单击"Play Path（演示轨迹）"→"Screen Play（屏幕演示）"，显示"播放路径"对话框，单击其上的 ▶ 按钮，即可生成走刀轨迹，如图 11-99 所示。

（7）加工过程动态仿真　单击"Play Path（演示轨迹）"→"NC Check（NC 检测）"→

"Restore（恢复）"，打开 sequence1.nck，使工作区显示前道工序加工后的形状，单击"Display"→"Run（运行）"，如图 11-100 所示。

（8）单击"Done Seq（完成序列）"项，此时便完成了清根加工工序的定义。

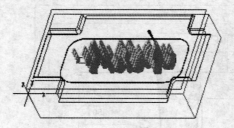

图 11-99　清根加工走刀轨迹

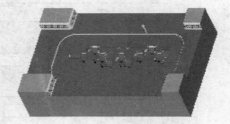

图 11-100　加工过程仿真结果

第 12 章　汽车覆盖件凸模的数控加工

12.1　零件分析

如图 12-1 所示为汽车覆盖件凸模，汽车覆盖件是汽车的主要部件，具有外形轮廓尺寸大、形状复杂等特点，它的好坏直接影响整个车的产品质量。而汽车覆盖件的质量是靠汽车覆盖件模具的质量保证的，只有制造出优质的模具才能加工出高质量的汽车覆盖件，才能有高质量的汽车。

汽车覆盖件模具的结构都较复杂。一套模具中往往包含许多冲压工艺过程，如冲孔、拉延、修边、翻边、整形等，多采用吊楔、斜楔等复杂结构。因此，汽车覆盖件模具在数控机床上加工最有利。

12.2　工艺分析

汽车覆盖件凸模的毛坯全部采用消失模铸造，型面余量为 5～10mm。覆盖件凸模应先加工底面及导板安装部位，然后加工型面。整个加工流程如图 12-2 所示。

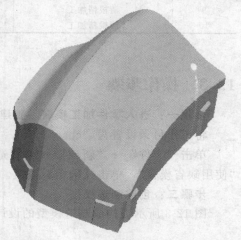

图 12-1　汽车覆盖件凸模

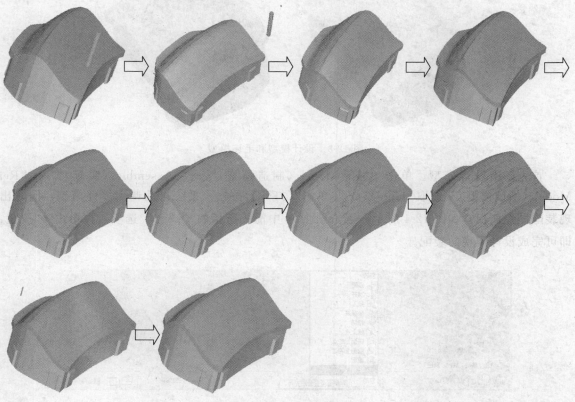

图 12-2　加工流程图

表 12-1 为加工工序及主要加工参数。

表 12-1 加工工序及主要加工参数

加工序号	加工工序	加工方法	刀具	转速/(r/min)	进给速度/(mm/min)
1	清根粗加工	体积块铣削	D50R25	200	80
2	行切粗加工	曲面铣削	D50R25	200	80
3	粗铣轮廓	轮廓铣削	D50	200	80
4	精铣轮廓	轮廓铣削	D50	200	80
5	清根精加工	曲面铣削	D30R15	150	1200
6	行切精加工	曲面铣削	D30R15	150	1200
7	清根精加工	曲面铣削	D20R10	150	1000
8	行切精加工	曲面铣削	D20R10	150	1000
9	清根精加工	曲面铣削	D12R6	150	800
10	清根精加工	曲面铣削	D8R4	150	800

12.3 操作步骤

步骤一：进入零件加工模块，新建制造文件

将工作目录设置为"chapter12"。

单击"文件"→"新建"→"制造"→"NC 组件"，输入文件名：mfg _ tumo-1，接受"使用缺省模板"，单击【确定】按钮。

步骤二：创建制造模型

图 12-3 所示为构成制造模型的设计模型和毛坯模型。

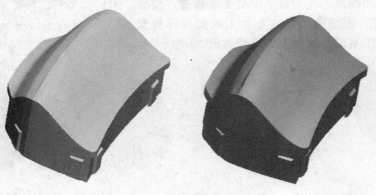

图 12-3 设计模型和毛坯模型

首先调出设计模型。单击"Mfg Model（制造模型）"→"Assemble（装配）"→"Ref Model（参照模型）"选取 tumo-1. prt，单击【打开】按钮，系统自动调出零件模型，同时出现装配操控面板，如图 12-4 所示。点击图 12-4 中箭头所指的"缺省"选项，再单击 ✔️ 按钮，即可完成设计模型的装配。

图 12-4 装配操控面板

再调出毛坯模型。单击"Assemble（装配）"→"Workpiece（工件）"，选取 tumo-1-wp.prt，单击【打开】按钮，其余操作同上，可完成毛坯模型的装配。

最后，装配好的制造模型如图 12-5 所示。

步骤三：设置制造环境

在"MANUFACTURE（制造）"菜单中单击"Mfg Setup（制造设置）"项，系统显示"操作设置"对话框，如图 12-6 所示。

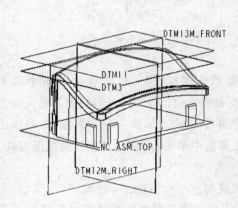

图 12-5　制造模型　　　　　　　图 12-6　"操作设置"对话框

（1）操作名称　采用默认值 OP010。

（2）机床设置　点击 按钮，出现"机床设置"对话框，采用默认值：机床名称为MACH01、机床类型为铣床、轴数为三轴，单击【确定】按钮。

（3）确定加工坐标系

① 点击"操作设置"对话框中"加工零点"右侧的 按钮，出现"MACH CSYS（制造坐标系）"菜单和"选取"对话框，如图 12-7 所示。

② 接受"MACH CSYS（制造坐标系）"菜单中的"Select（选取）"菜单项，点选 CS0 作为加工坐标系。

③ 设定完成后的加工坐标系如图 12-8 所示。

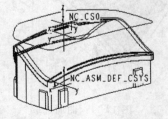

图 12-7　加工坐标系设定　　　　　图 12-8　设定好的工件坐标系

（4）退刀面设置

① 点击"操作设置"对话框中"退刀"选区下"曲面"右侧的 按钮，出现"退刀选取"对话框，要求设定退刀平面，如图 12-9 所示。

② 单击窗口中的【沿 Z 轴】，系统自动将光标移到对话框下方的"输入 Z 深度"处，输入数值 50，然后单击【确定】按钮，生成退刀平面 ADTM1，如图 12-10 所示。

③ 单击"操作设置"对话框中【确定】按钮，完成加工环境的设置。

图 12-9 "退刀面选取"对话框

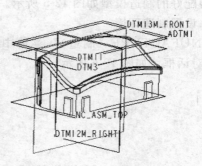

图 12-10 生成的退刀平面

步骤四：定义曲面加工工序 I

（1）合并曲面 单击工具条中的"铣削曲面刀具"图标◯，或者在主菜单中单击"插入"→"制造几何"→"铣削曲面刀具"命令。选取如图 12-11 所示的所有曲面，输入键盘操作〈Ctrl＋C〉组合键，〈Ctrl＋V〉组合键，或者在主菜单中单击"编辑"→"复制"，再单击"编辑"→"粘贴"，单击✔按钮完成曲面的合并，在工具条中单击✔按钮退出铣削曲面刀具。

【NC Sequence（NC 序列）】→【新序列】。

（2）定义加工方法 单击"Surface Mill（曲面铣削）"→"Done（完成）"。

（3）选择需定义的加工工艺参数 系统显示"序列设置"菜单，默认的已勾选的工艺参数选项为：参数、曲面、定义切割（曲面铣削方法及具体参数的定义），增选"刀具"选项，如图 12-12 所示，然后单击"Done（完成）"项确认。

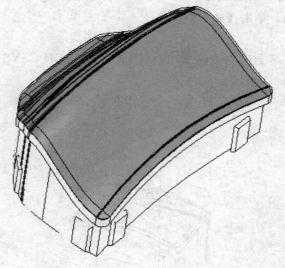

图 12-11 曲面选取

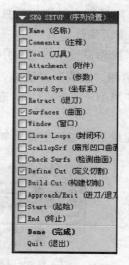

图 12-12 "SEQ SETUP（序列设置）"菜单

（4）定义刀具参数

① 系统弹出"刀具设定"对话框，利用该窗口可以设定加工所需刀具。

② 该窗口已设定刀具 T0001，点击 按钮新建另一把刀具，为避免过切，宜使用球头铣刀，输入刀具参数如图 12-13 所示。设定完成后，单击该窗口中的【应用】按钮。

③ 单击【确定】按钮，完成加工刀具的设定。

（5）定义加工工艺参数

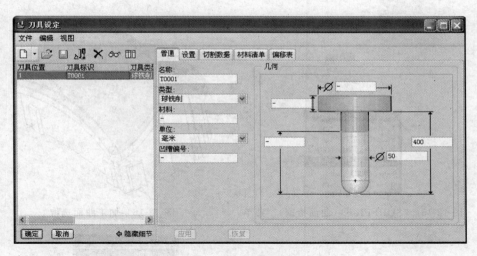

图 12-13　设定好的刀具参数

① 系统显示"MFG PARAMS（制造参数）"菜单，单击"Set（设置）"选项，系统弹出加工参数设定窗口。

② 窗口中标记为"-1"的选项，表示用户必须进行设定。设定后的加工参数如图 12-14 所示。

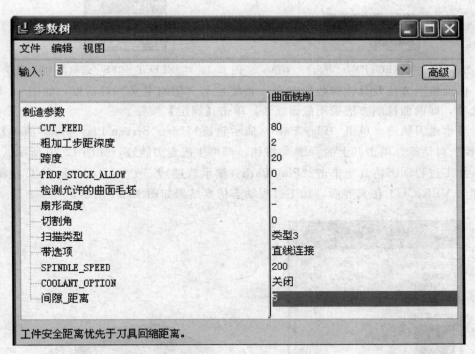

图 12-14　设定的加工参数

③ 单击"文件"→"退出"，完成加工工艺参数的设定。

④ 系统返回"MFG PARAMS（制造参数）"菜单，单击"Done（完成）"项确认。

（6）定义待加工曲面

① 系统显示"SURF PICK（曲面拾取）"菜单，单击"Mill Surface（铣削曲面）"选项，如图 12-15 所示，单击"Done（完成）"选项。

② 系统自动提示选取要加工的曲面，选取如图 12-16 所示的曲面，系统显示"DIRECTION（方向）"菜单，单击"Okay（正向）"选项，如图 12-17 所示。

③ 系统显示如图 12-18 所示，单击"Select All（选取全部）"→"Done/Reture（完成/返回）"。

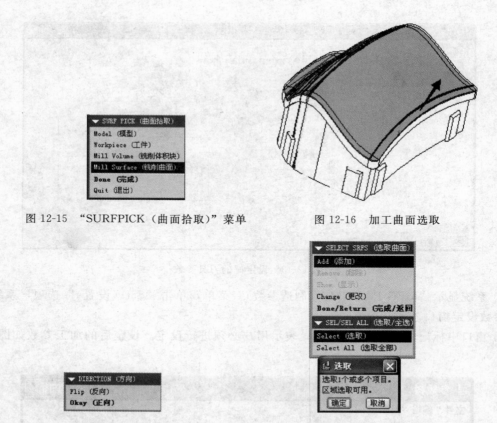

图 12-15 "SURFPICK（曲面拾取）"菜单   图 12-16 加工曲面选取

图 12-17 "DIRECTION（方向）"菜单   图 12-18 "SELECT SRFS（选取曲面）"菜单

（7）曲面铣削方法及具体参数的定义 系统显示"切削定义"对话框，如图 12-19 所示，取默认选项，即曲面铣削方法采用截面线法，单击【确定】按钮。

（8）显示走刀轨迹 单击"Play Path（演示轨迹）"→"Screen Play（屏幕演示）"，显示"播放路径"对话框，单击其上的 ▶ 按钮，即可生成走刀轨迹，如图 12-20 所示。

（9）加工过程动态仿真 单击"Play Path（演示轨迹）"→"NC Check（NC 检测）"，系统自动弹出 VERICUT 仿真界面，加工过程动态仿真结果如图 12-21 所示。

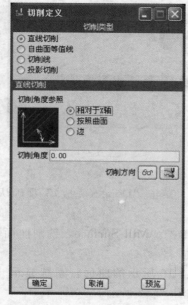

图 12-19 "切削定义"对话框

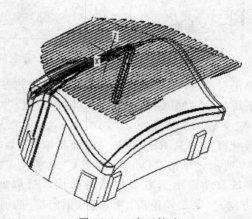

图 12-20 走刀轨迹

（10）单击"Done Seq（完成序列）"项，此时便完成了第一道 NC 工序的定义。

步骤五：定义曲面加工工序Ⅱ

【NC Sequence（NC 序列）】→【新序列】。

（1）定义加工方法　单击"Surface Mill（曲面铣削）"→"Done（完成）"。

（2）选择需定义的加工工艺参数　系统显示"序列设置"菜单，默认的已勾选的工艺参数选项为：参数、曲面、定义切割（曲面铣削方法及具体参数的定义），刀具和上一工序相同不用再选择，如图 12-22 所示，然后单击"Done（完成）"项确认。

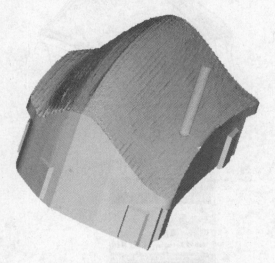

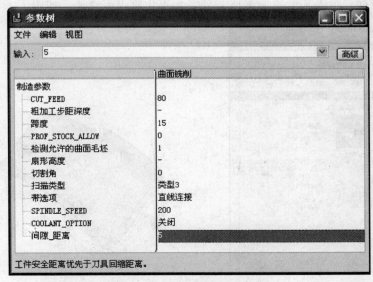

图 12-21　加工过程动态仿真结果　　　　图 12-22　"SEQ SETUP（序列设置）"菜单

（3）定义加工工艺参数

① 系统显示"MFG PARAMS（制造参数）"菜单，单击"Set（设置）"选项，系统弹出加工参数设定窗口。

② 窗口中标记为"－1"的选项，表示用户必须进行设定。设定后的加工参数如图 12-23 所示。

③ 单击"文件"→"退出"，完成加工工艺参数的设定。

④ 系统返回"MFG PARAMS（制造参数）"菜单，单击"Done（完成）"项确认。

（4）定义待加工曲面

图 12-23　设定好的加工参数

① 系统显示"SURF PICK（曲面拾取）"菜单，单击"Mill Surface（铣削曲面）"选项，如图 12-24 所示，单击"Done（完成）"选项。

② 系统自动提示选取要加工的曲面，选取如图 12-25 所示的曲面，系统显示"DIREC-TION（方向）"，单击"Okay（正向）"选项，如图 12-26 所示。

③ 系统显示如图 12-27 所示，单击"Select All（选取全部）"→"Done/Reture（完成/返回）"。

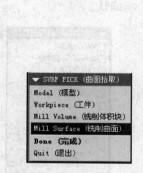

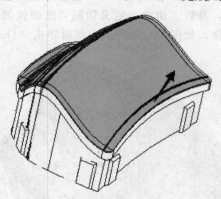

图 12-24 "SURF PICK（曲面拾取）"菜单　　　　图 12-25 选取的曲面图

图 12-26 "DIRECTION（方向）"菜单　　图 12-27 "SELECT SRFS（选取曲面）"菜单

（5）曲面铣削方法及具体参数的定义 系统显示"切削定义"对话框，如图 12-28 所示，取默认选项，即曲面铣削方法采用截面线法，单击【确定】按钮。

（6）显示走刀轨迹 单击"Play Path（演示轨迹）"→"Screen Play（屏幕演示）"，显示"播放路径"对话框，单击其上的 ▶ 按钮，即可生成走刀轨迹，如图 12-29 所示。

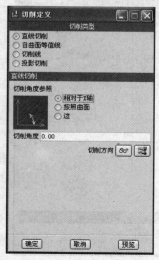

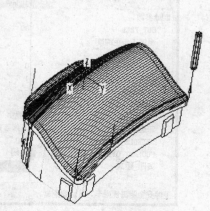

图 12-28 "切削定义"对话框　　　　　图 12-29 走刀轨迹

（7）加工过程动态仿真　单击"Done Seq（完成序列）"项，在加工工具条中单击"调出工艺管理器"图标 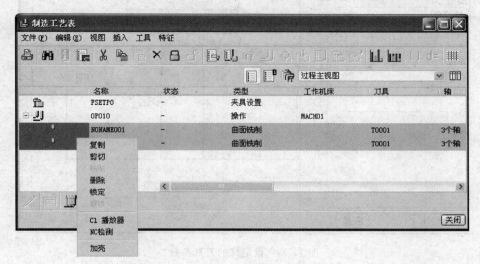，弹出"制造工艺表"，在制造工艺表中，选中第一道工序后，按住〈Ctrl〉键再选中本道工序，右键单击选中的所有工序，单击"NC 检测"，如图 12-30 所示，系统自动弹出 VERICUT 的加工仿真的软件，加工过程动态仿真结果如图 12-31 所示。

图 12-30　制造工艺表

步骤六：定义轮廓加工工序Ⅰ

【NC Sequence（NC 序列）】→【新序列】。

（1）定义加工方法　单击"Profile（轮廓）"→"Done（完成）"。

（2）工序设置　接受如图 12-32 所示"序列设置"菜单中的默认选项：参数和曲面，增选参数"刀具"选项，然后单击"Done（完成）"项确认。

（3）定义刀具参数

① 系统弹出"刀具设定"对话框。该窗口已设定刀具 T0002，点击 按钮新建另一把刀具，使用直径为 50mm 的端铣刀，输入刀具参数如图 12-33 所示。设定完成后，单击该窗口中的【应用】按钮。

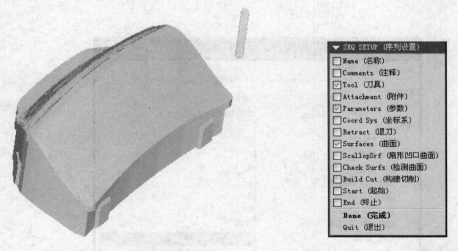

图 12-31　加工过程动态仿真结果　　　图 12-32　"SEQ SETUP（序列设置）"菜单

② 单击【确定】按钮，完成加工刀具的设定。

（4）定义加工工艺参数

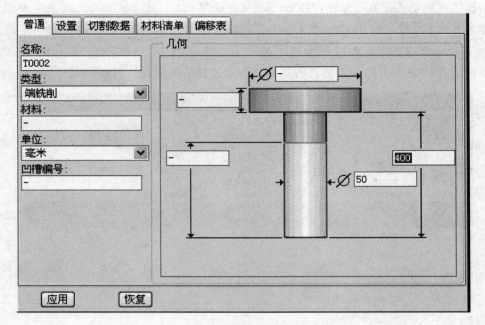

图 12-33　设定好的刀具参数

① 系统显示"MFG PARAMS（制造参数）"菜单，单击"Set（设置）"选项，系统弹出加工参数设定窗口。

② 窗口中标记为"－1"的选项，表示用户必须进行设定，设定后的加工参数如图 12-34 所示，单击【高级】按钮，将另一参数"引入"设成"是"，使刀具沿相切弧进入工件。

③ 单击"文件"→"退出"，完成加工工艺参数的设定。

④ 系统返回"MFG PARAMS（制造参数）"菜单，单击"Done（完成）"项确认。

（5）定义加工表面区域

① 系统显示"SURF PICK（曲面拾取）"菜单，如图 12-35 所示。接受"Model（模型）"项，单击"Done（完成）"项确认。

② 系统显示"选取曲面"菜单和"选取"对话框，如图 12-36 所示，点选锁扣部分侧面（多选用〈Ctrl〉键），确认图 12-37 所示的阴影部分为选取的曲面。

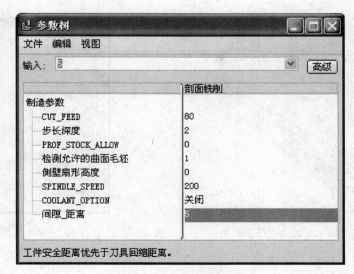

图 12-34　设定好的加工参数

图 12-35　"SURF PICK（曲面拾取）"菜单　　　　图 12-36　"选取曲面"菜单

③ 单击"选取"对话框中的【确定】按钮，再依次单击"完成"→"完成/返回"→"完成/返回"。

④ 系统显示"NC SEQUENCE（NC 序列）"菜单。

（6）显示走刀轨迹　单击"Play Path（演示轨迹）"→"Screen Play（屏幕演示）"，显示"播放路径"对话框，单击其上的　▶　按钮，即可生成走刀轨迹，如图 12-38 所示。

（7）加工过程动态仿真　单击"Done Seq（完成序列）"项，在加工工具条中单击"调出工艺管理器"图标 ，弹出"制造工艺表"，在制造工艺表中，选中第一道工序后，按住〈Ctrl〉键再选中第二道工序和本道工序，右键单击选中的所有工序，单击"NC 检测"，如图 12-39 所示，系统自动弹出 VERICUT 的加工仿真的软件，加工过程动态仿真结果如图 12-40 所示。

图 12-37　阴影部分为选取的曲面　　　　　　图 12-38　走刀轨迹

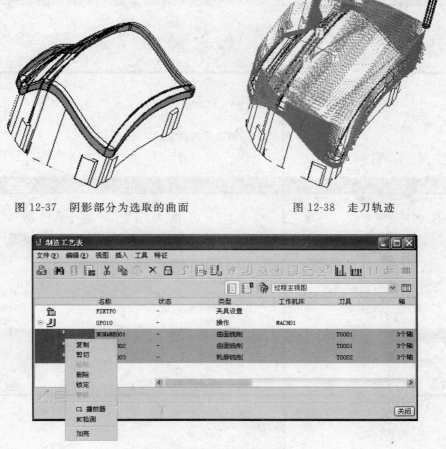

图 12-39　制造工艺表

步骤七：定义轮廓加工工序 Ⅱ

（1）复制工序　在加工工具条中单击"调出工艺管理器"图标 ，弹出"制造工艺表"，在制造工艺表中，选中上一道轮廓加工工序，鼠标右键单击本道工序，如图 12-41 所示，单击"复制"选项，此时再单击此道工序，选中"粘贴"选项，即完成本道工序的复制。

（2）修改参数

① 在制造工艺表中，按如图 12-42 所示，单击"编辑"→"编辑定义"。

② 系统显示如图 12-43 所示的"NC SEQUENCE（NC 序列）"菜单，单击"Seq Setup（序列设置）"，系统显示"SEQ SETUP（序列设置）"菜单，选中"参数"，如图 12-44 所示，其他和上一步相同，不予选择，然后单击"Done（完成）"项确认。

图 12-40　加工过程动态仿真结果

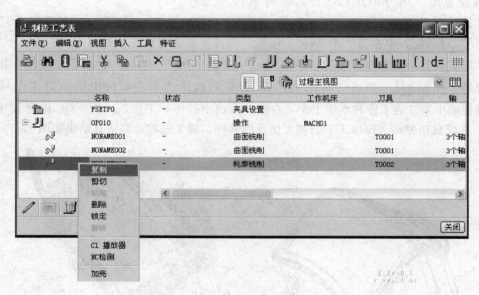

图 12-41　制造工艺表窗口

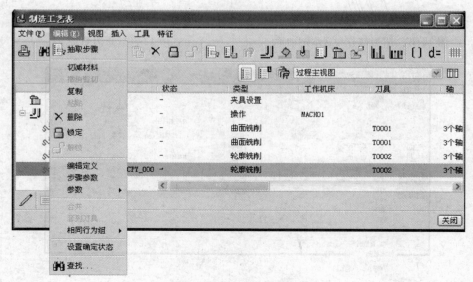

图 12-42　制造工艺表编辑菜单

232

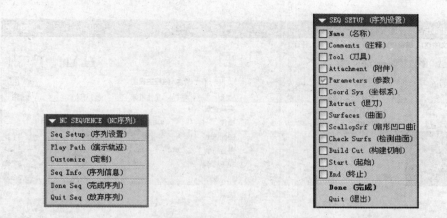

图 12-43　"NC SEQUENCE（NC 序列）"菜单　　　图 12-44　"SEQ SETUP（序列设置）"菜单

③ 系统显示"MFG PARAMS（制造参数）"菜单，单击该菜单中的"Set（设置）"选项，系统弹出加工参数设定窗口。设定好的加工参数如图 12-45 所示。

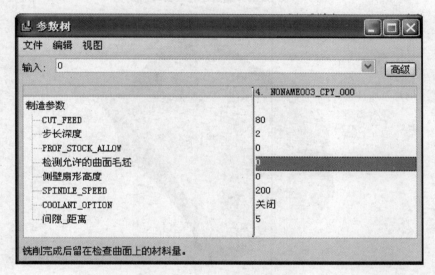

图 12-45　设定好的加工参数

④ 单击"文件"→"退出"，完成加工工艺参数的设定。

（3）显示走刀轨迹　单击"Play Path（演示轨迹）"→"Screen Play（屏幕演示）"，显示"播放路径"对话框，单击其上的　▶　按钮，即可生成走刀轨迹，如图 12-46 所示。

（4）加工过程动态仿真　单击"Done Seq（完成序列）"项，在加工工具条中单击"调出工艺管理器"图标，弹出"制造工艺表"，在制造工艺表中，选中第一道工序后，按住〈Ctrl〉键再选中所有工序，右键单击选中的所有工序，单击"NC 检测"，如图 12-47 所示，系统自动弹出 VERICUT 的加工仿真的软件，加工过程动态仿真结果如图 12-48 所示。

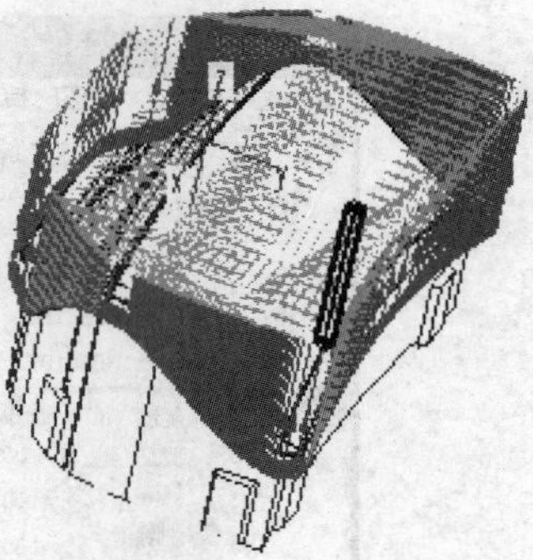

步骤八：定义曲面加工工序Ⅰ

图 12-46　走刀轨迹

（1）复制工序　在加工工具条中单击"调出工艺管理器"图标，弹出"制造工艺表"，在制造工艺表中，选中第一道曲面加工工序，鼠标右键单击本道工序，如图 12-49 所示，单击"复制"，此时再单击此道工序，选中"粘贴"选项，即可完成本道工序的复制，然后选中复制好的工序，把它拖到最后一步。

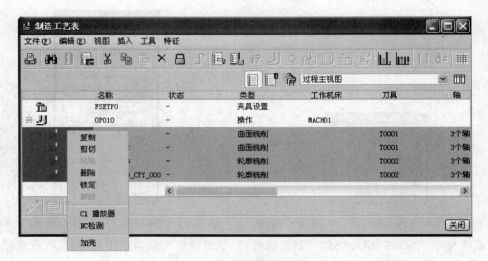

图 12-47　制造工艺表窗口

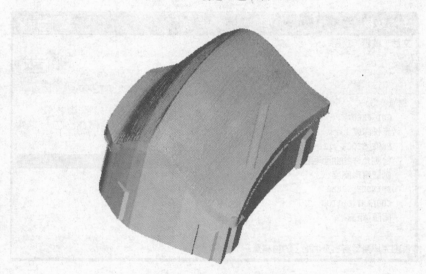

图 12-48　加工过程动态仿真结果

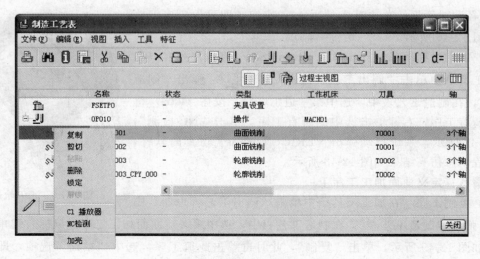

图 12-49　制造工艺表窗口

（2）修改参数

① 在制造工艺表中，按如图 12-50 所示，单击"编辑"→"编辑定义"。

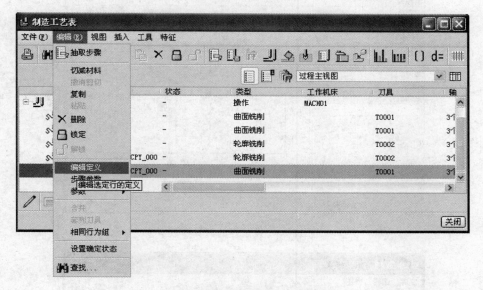

图 12-50 "制造工艺表"编辑菜单

② 系统显示如图 12-51 所示的"NC SEQUENCE（NC 序列）"菜单，单击"Seq Setup（序列设置）"，系统显示"SEQ SETUP（序列设置）"菜单，选中"刀具"和"参数"，如图 12-52 所示，其他操作和上一步相同，不予选择，然后单击"Done（完成）"项确认。

③ 系统弹出"刀具设定"对话框。该窗口已设定刀具 T0003，点击 按钮新建另一把刀具，使用直径为 30mm 的球刀，输入刀具参数如图 12-53 所示。设定完成后，单击该窗口中的【应用】按钮。

④ 单击【确定】按钮，完成加工刀具的设定。

⑤ 系统显示"MFG PARAMS（制造参数）"菜单，单击该菜单中的"Set（设置）"选项，系统弹出加工参数设定窗口。修改参数结果如图 12-54 所示。

⑥ 单击"文件"→"退出"，完成加工工艺参数的设定。

（3）显示走刀轨迹："Play Path（演示轨迹）"→"Screen Play（屏幕演示）"，显示"播放路径"对话框，单击其上的 ▶ 按钮，即可生成走刀轨迹，如图 12-55 所示。

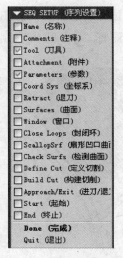

图 12-51 "NC SEQUENCE（NC 序列）"菜单　　图 12-52 "SEQ SETUP（序列设置）"菜单

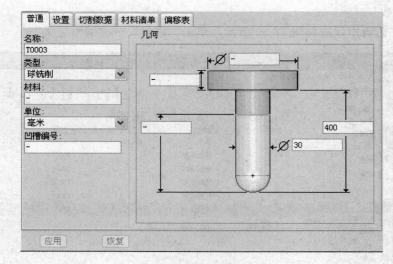

图 12-53　设定好的刀具参数

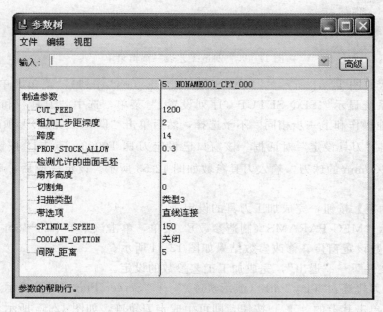

图 12-54　设定好的加工参数

（4）加工过程动态仿真　单击"Done Seq（完成序列）"项，在加工工具条中单击"调出工艺管理器"图标，弹出"制造工艺表"，在制造工艺表中，选中第一道工序后，按住〈Ctrl〉键再选中所有工序，右键单击选中的所有工序，单击"NC 检测"，如图 12-56 所示，系统自动弹出 VERICUT 的加工仿真的软件，加工过程动态仿真结果如图 12-57 所示。

步骤九：定义曲面加工工序Ⅱ

（1）复制工序　在加工工具条中单击"调出工艺管理器"图标，弹出"制造工艺表"，在制造工艺表中，选中第二道曲面加工工序，鼠标右键单击本道工序，单击"复制"，此时再单击此道工序，选中"粘贴"选项，即可完成本道工序的复制，然后选中复制好的工序，把它拖到最后一步，最后结果如图 12-58 所示。

（2）修改参数

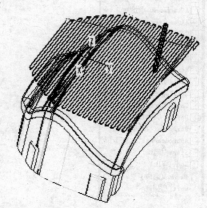

图 12-55　走刀轨迹

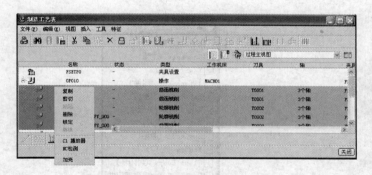

图 12-56 制造工艺表窗口

图 12-57 加工过程动态仿真结果

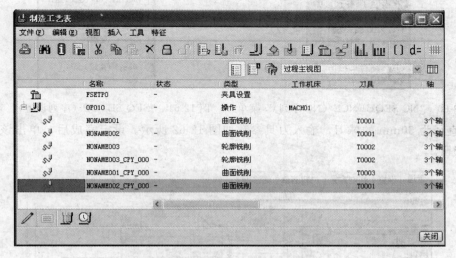

图 12-58 制造工艺表

① 在制造工艺表中，按如图 12-59 所示，单击"编辑"→"编辑定义"。

② 系统显示如图 12-60 所示的"NC SEQUENCE（NC 序列）"菜单，单击"Seq Setup
（序列设置）"，系统显示"SEQ SETUP（序列设置）"菜单，选中"刀具"和"参数"，如图
12-61 所示，其他和上一步一样，不予选择，然后单击"Done（完成）"项确认。

③ 系统弹出"刀具设定"对话框。该窗口已设定刀具 T0003，点击 按钮新建另一把刀

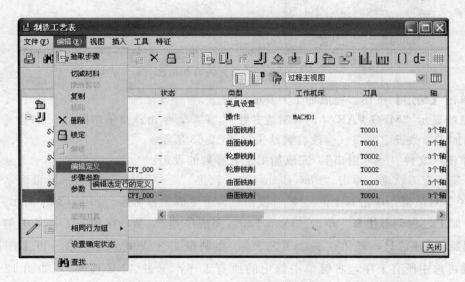

图 12-59 制造工艺表编辑菜单

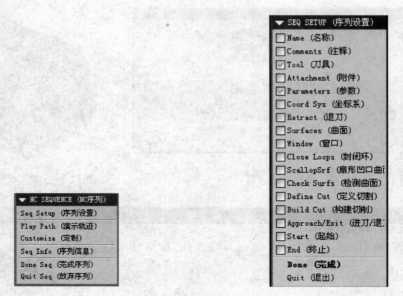

图 12-60 "NC SEQUENCE（NC 序列）"菜单　　图 12-61 "SEQ SETUP（序列设置）"菜单

具，使用直径为 30mm 的球刀，输入刀具参数如图 12-62 所示。设定完成后，单击该窗口中的【应用】按钮。

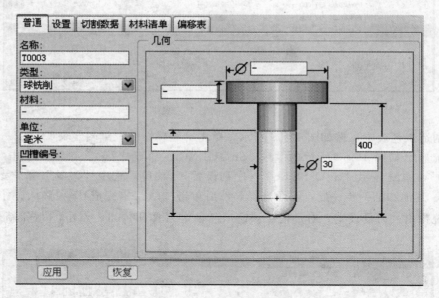

图 12-62　设定好的刀具参数

④ 单击【确定】按钮，完成加工刀具的设定。

⑤ 系统显示 "MFG PARAMS（制造参数）"菜单，单击该菜单中的 "Set（设置）"选项，系统弹出加工参数设定窗口。修改参数结果如图 12-63 所示。

⑥ 单击 "文件" → "退出"，完成加工工艺参数的设定。

（3）显示走刀轨迹　单击 "Play Path（演示轨迹）" → "Screen Play（屏幕演示）"，显示 "播放路径" 对话框，单击其上的 ▶ 按钮，即可生成走刀轨迹，如图 12-64 所示。

（4）加工过程动态仿真　单击 "Done Seq（完成序列）"项，在加工工具条中单击 "调出工艺管理器" 图标 ，弹出 "制造工艺表"，在制造工艺表中，选中第一道工序后，按住〈Ctrl〉键再选中所有工序，右键单击选中的所有工序，单击 "NC 检测"，如图 12-65 所示，系统自动弹出 VERICUT 的加工仿真的软件，加工过程动态仿真结果如图 12-66 所示。

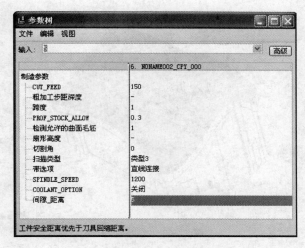

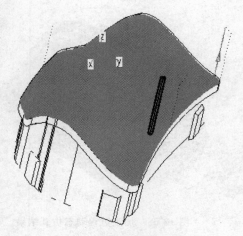

图 12-63　设定好的加工参数　　　　　　　图 12-64　走刀轨迹

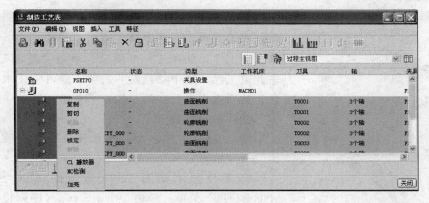

图 12-65　制造工艺表窗口

步骤十：定义曲面加工工序 Ⅲ

本步骤和步骤八、九的步骤一样，只是换成直径为 20mm 的球刀，直径为 20mm 的球刀进给速度是 1000mm/min，留 0.3mm 的余量，具体的加工工艺部分可以参照工艺表 13-1，行切时行距是 0.7mm。但是清根加工时，步距参数设置一定要小于刀具的有效半径。

在此只是给出清根加工和行切加工的刀路图和加工仿真的模拟图。

清根加工的走刀轨迹和动态仿真结果分别如图 12-67、图 12-68 所示。行切加工的走刀轨迹和动态仿真结果分别如图 12-69、图 12-70 所示。

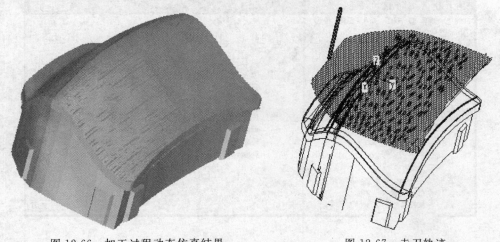

图 12-66　加工过程动态仿真结果　　　　　　图 12-67　走刀轨迹

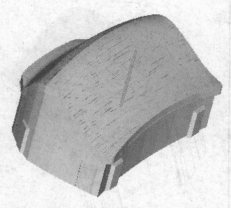

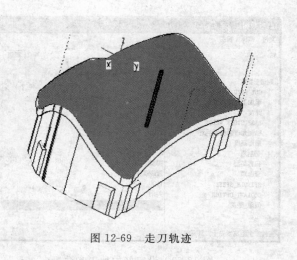

图 12-68　加工过程动态仿真结果　　　　　图 12-69　走刀轨迹

步骤十一：定义曲面加工工序Ⅳ

（1）复制工序　在加工工具条中单击"调出工艺管理器"图标 ，弹出"制造工艺表"，在制造工艺表中，选中第一道曲面加工工序，鼠标右键单击本道工序，如图 12-71 所示，单击"复制"，此时再单击此道工序，选中"粘贴"选项，即可完成本道工序的复制，然后选中复制好的工序，把它拖到最后一步。

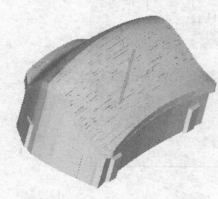

图 12-70　加工过程动态仿真结果

（2）修改参数

① 在制造工艺表中，按如图 12-72 所示，单击"编辑"→"编辑定义"。

② 系统显示如图 12-73 所示的"NC SEQUENCE（NC 序列）"菜单，单击"Seq Setup（序列设置）"，系统显示"SEQ SETUP（序列设置）"菜单，选中"刀具"和"参数"，如图 12-74 所示，其他和上一步一样不予选择，然后单击"Done（完成）"项确认。

③ 系统弹出"刀具设定"对话框。该窗口已设定刀具 T0005，点击 按钮新建另一把刀具，使用直径为 12mm 的球刀，输入刀具参数如图 12-75 所示。设定完成后，单击该窗口中的"应用"按钮。

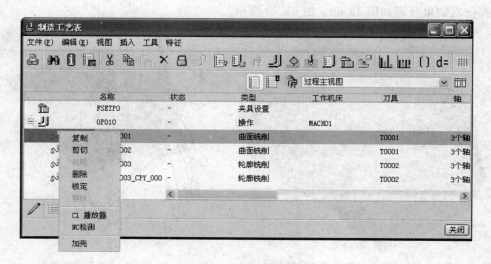

图 12-71　制造工艺表窗口

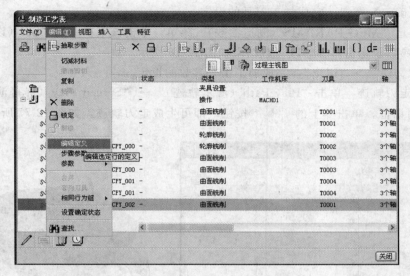

图 12-72　制造工艺表编辑菜单

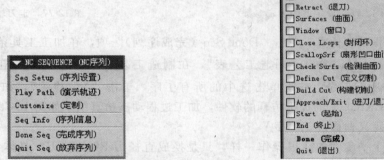

图 12-73　"NC SEQUENCE（NC 序列）"菜单　　　图 12-74　"SEQ SETUP（序列设置）"菜单

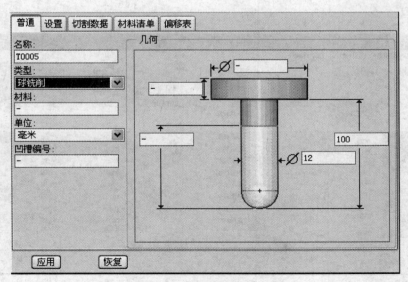

图 12-75　设定好的刀具参数

④ 单击【确定】按钮，完成加工刀具的设定。

⑤ 系统显示"MFG PARAMS（制造参数）"菜单，单击该菜单中的"Set（设置）"选项，系统弹出加工参数设定窗口。修改参数结果如图 12-76 所示。

⑥ 单击"文件"→"退出"，完成加工工艺参数的设定。

（2）显示走刀轨迹 单击"Play Path（演示轨迹）"→"Screen Play（屏幕演示）"，显示"播放路径"对话框，单击其上的 ▶ 按钮，即可生成走刀轨迹，如图 12-77 所示。

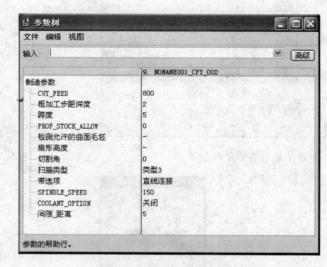

图 12-76 设定好的加工参数　　　　　　　　图 12-77 走刀轨迹

（3）加工过程动态仿真 单击"Done Seq（完成序列）"项，在加工工具条中单击"调出工艺管理器"图标，弹出"制造工艺表"，在制造工艺表中，选中第一道工序后，按住〈Ctrl〉键再选中所有工序，右键单击选中的所有工序，单击"NC 检测"，如图 12-78 所示，系统自动弹出 VERICUT 的加工仿真的软件，加工过程动态仿真结果如图 12-79 所示。

步骤十二：定义曲面加工工序Ⅴ

本道工序和上一步骤的清根操作一样，只是换成直径为 R8 的球刀。具体参数见工艺表，但同样要注意步距参数的设置，所以此步骤不再赘述，只给出最后的刀路图和仿真加工的结果，分别如图 12-80、图 12-81 所示。

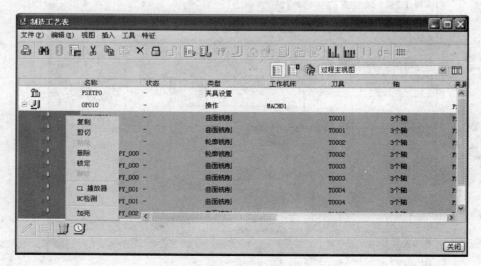

图 12-78 制造工艺表窗口

图 12-79　加工过程动态仿真结果

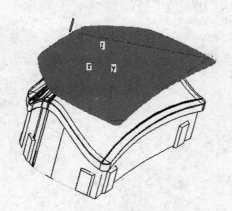

图 12-80　走刀轨迹　　　　　　　图 12-81　加工过程动态仿真结果

参 考 文 献

[1] 蔡兰，王霄. 数控加工工艺学. [M]. 北京：化学工业出版社，2005.

[2] 钟建琳. Pro/Engineer 数控加工实用教程 [M]. 北京：机械工业出版社，2002.

[3] 赵德永，刘学江，王会刚. Pro/Engineer 数控加工（基础篇）[M]. 北京：清华大学出版社，2002.

[4] 戴向国. Pro/Engineer2000i 数控铣床加工自动编程技术 [M]. 北京：清华大学出版社，2002.

[5] 王卫兵. 数控编程 100 例 [M]. 北京：机械工业出版社，2003.

[6] 程叔重. 数控加工工艺 [M]. 杭州：浙江大学出版社，2003.

[7] 朱燕青. 模具数控加工技术 [M]. 北京：机械工业出版社，2001.

[8] 徐宏海. 数控加工工艺 [M]. 北京：化学工业出版社，2004.

[9] 杨祖孝. 高速切削加工及其关键技术. 新技术新工艺. 2002，(2).

[10] 陈世平. 高速切削加工技术及其发展前景. 先进制造技术. 2001，5 (3).

[11] 徐强. 高速切削加工技术及其相关技术发展概况. 机械工程师. 2000，3.

[12] 艾兴，刘战强，黄传真等. 高速切削综合技术. 航空制造技术. 2002 (3).

[13] 陈洪涛. 数控加工工艺与编程 [M]. 北京：高等教育出版社，2002.

[14] 赵良才. 计算机辅助工艺设计 [M]. 北京：机械工业出版社，1994.

[15] 董献坤. 数控机床结构与编程 [M]. 北京：机械工业出版社，1996.

[16] 华茂发. 数控机床加工工艺 [M]. 北京：机械工业出版社，2000.

[17] 编委会. 实用数控加工技术 [M]. 北京：兵器工业出版社，1994.

[18] 刘雄伟. 数控机床操作与编程培训教程 [M]. 北京：机械工业出版社，2001.